中等职业学校机械类专业通用
技工院校机械类专业通用（中级技能层级）

机械制造工艺基础课教学参考书

——与机械制造工艺基础（第八版）配套使用

崔兆华　主编

中国劳动社会保障出版社

简介

本书为中等职业学校机械类专业通用教材 / 技工院校机械类专业通用教材（中级技能层级）《机械制造工艺基础（第八版）》的配套用书，供教师在教学中使用。

本书按照教材章节顺序编写，内容安排力求体现教材的编写意图，以期为教师提供多方面的帮助。书中每章包括“教学目标”“教学重点与难点”“教学设计与建议”等内容。

本书由崔兆华任主编，崔人凤、李建民参加编写，邵明玲任主审。

图书在版编目（CIP）数据

机械制造工艺基础课教学参考书 : 与机械制造工艺基础（第八版）配套使用 : 中等职业学校机械类专业通用 : 技工院校机械类专业通用 : 中级技能层级 / 崔兆华主编 . -- 北京 : 中国劳动社会保障出版社，2024.
ISBN 978-7-5167-6803-7

Ⅰ. TH16

中国国家版本馆 CIP 数据核字第 2024EC8700 号

中国劳动社会保障出版社出版发行
（北京市惠新东街 1 号　邮政编码：100029）

*

北京市科星印刷有限责任公司印刷装订　　新华书店经销
880 毫米 ×1230 毫米　32 开本　9.75 印张　232 千字
2024 年 12 月第 1 版　　2024 年 12 月第 1 次印刷
定价：29.00 元

营销中心电话：400-606-6496
出版社网址：https://www.class.com.cn
https://jg.class.com.cn

目　录

课 程 简 介

一、说明

1. 课程性质和目标

本课程是机械类专业一门主要的专业基础课程，专注于研究机械制造工艺方法和工艺过程，旨在使学生掌握机械制造工艺基础知识，培养学生初步掌握机械制造过程中各种常用加工方法与设备的选用技能，初步具备编制一般零件的机械加工工艺规程和装配规程的能力，能够从技术与加工经济性紧密结合的角度出发，围绕加工质量与生产效率的目标，正确选择零件加工方案，具备分析和解决生产实际问题的能力。

2. 课程内容和学习要求

本课程主要包括毛坯制造工艺（包括铸造、锻压、焊接）、零件切削加工工艺（包括切削加工基础、钳加工、车削、铣削、镗削、磨削、刨削、插削、拉削、齿轮加工、数控加工、特种加工和先进制造工艺技术）、机械加工工艺规程的制定（包括机械加工工艺规程和典型零件的加工工艺）和机械装配工艺四部分内容。

根据本课程的性质、目标和内容，在学习时要特别注意三个方面：一是必须打好前期知识的基础。掌握好基础知识是学好本课程的前提。二是理论联系实际。本课程理论体系的建立离不开生产实际，要想真正学好这门课程，实践是必由之路。只有深入到生产实践中，才能真正理解这门课程的特点与内在规律。三是要逐步养成辩证的思维方式。因为机械制造工艺理论与方法的应用涉及问题多，灵活性也相当大，所以必须实事求是地根据具体情况做出具体分析与决策，以避免顾此失彼。

二、教学内容与建议学时

序号	教学内容			建议学时
1	绪论			1.5
2	毛坯制造工艺	第一章　铸造	§1–1　概述	0.5
			§1–2　砂型铸造	4
			§1–3　特种铸造及铸造新技术	2
		第二章　锻压	§2–1　概述	1
			§2–2　锻造	3
			§2–3　冲压	2
		第三章　焊接	§3–1　概述	2
			§3–2　常用焊接方法	4
			§3–3　其他焊接方法	2
			§3–4　焊接机器人	2
3	零件切削加工工艺	第四章　切削加工基础	§4–1　金属切削机床的分类与型号	2
			§4–2　切削运动与切削用量	2
			§4–3　切削刀具	4
			§4–4　切削力与切削温度	2
			§4–5　切削液	1
			§4–6　加工精度与加工表面质量	1

续表

序号	教学内容			建议学时
3	零件切削加工工艺	第五章　钳加工	§5–1　划线	2
			§5–2　錾削、锯削与锉削	4
			§5–3　孔加工	4
			§5–4　螺纹加工	2
			§5–5　刮削与研磨	2
		第六章　车削	§6–1　车床	2
			§6–2　车床的工艺装备	2
			§6–3　车削工艺方法	4
		第七章　铣削与镗削	§7–1　铣削	4
			§7–2　镗削	4
		第八章　磨削	§8–1　磨床	2
			§8–2　砂轮	2
			§8–3　磨削方法	2
		第九章　刨削、插削和拉削	§9–1　刨削	2
			§9–2　插削	2
			§9–3　拉削	2
		第十章　齿轮加工	§10–1　齿轮加工设备	2
			§10–2　齿形加工方法	2
		第十一章　数控加工与特种加工	§11–1　数控机床	2
			§11–2　数控加工工艺	2
			§11–3　特种加工	2
		第十二章　先进制造工艺技术	§12–1　超精密加工技术	2
			§12–2　高速切削加工技术	2
			§12–3　增材制造技术	2

续表

序号	教学内容			建议学时
4	机械加工工艺规程的制定	第十三章　机械加工工艺规程	§13–1　基本概念	2
			§13–2　基准的选择	2
			§13–3　工艺路线的拟定	2
			§13–4　加工余量的确定	2
			§13–5　工序尺寸及其公差的确定	2
		第十四章　典型零件的加工工艺	§14–1　轴类零件的加工工艺	2
			§14–2　套类零件的加工工艺	2
			§14–3　箱体类零件的加工工艺	2
			§14–4　圆柱齿轮的加工工艺	2
5	机械装配工艺	第十五章　机械装配工艺	§15–1　装配工艺概述	2
			§15–2　装配尺寸链计算	2
			§15–3　装配方案及其选择	2
			§15–4　装配工艺规程的制定	2
合计				120

三、教学实施建议

1．本课程综合性强、内容丰富，涉及各类制造方法和过程，如铸造、锻压、焊接、钳加工、车削、铣削、镗削、磨削、刨削、插削、拉削、齿轮加工以及数控加工等，还涉及设备和工艺装备等。学习时，要善于将已学过的专业基础课程和专业课程知识合理地运用于本课程的学习之中。

2．机械制造工艺同企业生产实际密切相关，其理论源于生产实践，是长期生产实践的总结，因此，在学习本课程时要注意理论与生产实践相结合。

3．机械制造工艺的应用有很大的灵活性，对同一种零件，在工艺设计上可能有多种方案，因此，必须根据具体条件，实事求是地进行辩证的分析，灵活运用理论知识，优选最佳方案。

4．教学中应注意执行相关国家标准，培养学生查阅和使用资料的能力，逐步强化学生的标准意识。

5．在教学过程中，应充分利用数字化教学资源辅助教学，合理利用网络与多媒体技术，努力推进现代教育技术在教学中的应用，积极创建一个适应个性化学习需求、注重培养实践能力的教学环境，提高教学效率和质量。

绪　论

一、教学目标

1. 了解本课程的研究对象。
2. 明确本课程的内容与任务。
3. 了解本课程的特点。

二、教学重点与难点

1. 教学重点

（1）本课程的研究对象。

（2）本课程的内容与任务。

（3）本课程的特点。

2. 教学难点

本课程的研究对象。

三、教学设计与建议

（一）新课导入

课程导入的目的是在最短的时间内，将学生的注意力和兴趣迅速吸引到课堂教学中来，使教师和学生形成有机的教学整体。

建议以设问的方式开始绪论的学习。生活中的很多物品是由金属材料制成的，教师可围绕“我们日常熟悉的金属物品是怎么制造出来的？”进行设问和课堂讨论，如“厨房里所用的铁锅是如何制造的？自行车是如何制造的？钥匙是如何配制的？”形成师生互动，引导学生进入学习状态，产生学习新知识的兴趣。

（二）探究新知

作为全书的首篇，绪论开宗明义地解释了本课程的研究对象、内容与任务、特点，让学生明确课程的性质、研究对象、学习目标以及学习要求，同时也让学生了解机械制造的过程。

1. 本课程的研究对象

根据本校实训产品，结合教材图 0–1，讲解机械制造过程和工艺过程，让学生明确本课程的研究对象，帮助学生了解毛坯的制造工艺（包括铸造、锻压、焊接等）、零件切削加工工艺（包括车削、铣削、磨削、钻削、镗削、插削、刨削、齿轮加工等）、机械加工工艺规程的制定和机械装配工艺等内容。

2. 本课程的内容与任务

根据本课程的研究对象，详细讲授本课程的内容与任务，使学生对本课程有初步的了解和整体性的认知，明确本课程的学习目标、学习内容以及其在专业学习中所占的地位。

3. 本课程的特点

教师详细讲解本课程的特点以及学习要求，激发学生的学习兴趣，让学生对本课程的学习方法有感性的认识，帮助学生在学习过程中少走弯路，减少学习障碍。

第一章 铸 造

一、教学内容分析

本章共有三节内容。

第一节主要讲授了铸造的概念、分类、特点及应用，目的是让学生了解铸造在机械制造中的地位和作用。

第二节主要讲授了砂型铸造的相关内容，目的是让学生了解制造砂型的材料与设备，掌握砂型铸造的基本概念和工艺过程，了解铸件的常见缺陷，培养学生初步具备砂型铸造的能力。

第三节主要讲授了熔模铸造、金属型铸造、压力铸造、离心铸造等特种铸造以及铸造新技术和新工艺，目的是让学生了解特种铸造的工作原理及铸造新技术的现状、分类以及发展趋势。

通过本章的教学，使学生了解铸造在机械制造中的应用，熟悉砂型铸造的工艺过程，了解特种铸造的工作原理和铸造新技术的现状，并初步具备编制铸造工艺的能力。

二、教学建议

1. 由于铸造过程的工艺环节比较复杂，且在日常生活中，学生对铸造相关知识的认知机会不多，学生对此往往感到既陌生又好奇。针对这种情况，教师在授课时要充分利用学生的好奇心，培养学生的学习兴趣，使学生积极主动地参与到本课程的学习中。

2. 本章内容的理论性比较强，讲授时可结合课件和视频，增加学生对所学知识的认识。

§1-1 概　　述

一、教学目标

1. 了解铸造的概念、分类和特点。
2. 了解铸造在机械制造中的地位和作用。

二、教学重点与难点

1. 教学重点

（1）铸造的概念及分类。
（2）铸造的特点。
（3）铸造的应用。

2. 教学难点

铸造的概念。

三、教学设计与建议

在日常生活中，学生接触铸造的机会不多，所以对铸造的了解是非常有限的，这就给教学增加了难度。为了克服学生认识上的困难，教师可先播放视频，让学生观看零件的铸造过程，再进行概念的讲解，这样有助于学生的理解，能起到事半功倍的教学效果。

（一）复习提问

教师引导学生复习绪论所学知识，并回答下列问题。

1. 机械制造过程包括哪三个阶段?
2. 常见金属切削加工方法有哪些?

（二）新课导入

教师引导学生仔细观察教材图 1–1 所示铸件，分析其形状和特点，并询问学生如何制造该类铸件，启发学生思考铸件的制造方法，由此引入新课。

（三）探究新知

为了克服学生认识上的困难，教师播放零件铸造视频，让学生观看零件的铸造过程。为了加深学生对铸造的认识，观看前教师最好布置一些问题，如“铸件的形状是由什么确定的？铸件的原材料有哪些？铸造时应如何对原材料进行处理？”让学生带着问题观看视频。观看过程中，教师应进行适当的启发和讲解，让学生主动思考，找出问题的答案。

通过观看视频，学生对铸造有了初步的感性认识。在此基础上，教师讲授铸造的概念、分类、特点及应用等内容，引导学生从多方面认识铸造。

1. 铸造的概念及分类

在学生对铸造有一定认知的基础上，教师讲解铸造的概念及其分类，使学生对铸造有较为全面的认识。

2. 铸造的特点

教师采用对比法，通过与其他零件成形工艺做对比来讲解铸造的特点，让学生了解铸造具有可以生产出形状复杂的金属零件或零件毛坯等特点。除教材所讲特点外，教师还可以补充并诠释铸造的其他特点。

（1）优点

1）可以铸造任何金属和合金材料。

2）铸件的形状、尺寸与零件接近，因此，减少了切削加工的工作量，并可节省大量金属材料。

（2）缺点

1）铸造工序繁多，工艺过程较难控制，因此铸件易产生缺陷。

2）铸件的尺寸精度低。

3）与相同形状、尺寸的锻件相比，铸件的内在质量差，承载能力不如锻件。

4）铸造生产的工作环境差、温度高、粉尘多，且劳动强度大。

3. 铸造的应用

对于该知识点，教师让学生上网检索“铸造的应用”，并结合教材提供的内容，了解铸造在机械加工中的地位和作用，培养学生的信息检索能力和自主学习能力。

§1–2　砂 型 铸 造

一、教学目标

1. 了解制造砂型的材料与设备。
2. 掌握砂型铸造的基本概念。
3. 熟悉砂型铸造的工艺过程。
4. 了解铸件的常见缺陷。
5. 能具备砂型铸造的能力。

二、教学重点与难点

1. 教学重点

（1）制造砂型的材料与设备。

（2）砂型铸造的基本概念。

（3）砂型铸造的工艺过程。

（4）铸件的缺陷。

2. 教学难点

（1）造型。

（2）铸件的缺陷。

三、教学设计与建议

砂型铸造是应用最为广泛的一种铸造方法，也是工艺过程最完整、造型手段最多且最为传统的一种铸造方法。学习砂型铸造的工艺过程和造型方法对学生理解其他的铸造方法将起到非常关键的作用。

（一）复习提问

教师引导学生复习上一节所学知识，并回答下列问题。

1. 什么是铸造？按生产方法不同，铸造可分为哪几种？

2. 与其他零件成形工艺相比，铸造具有哪些特点？

（二）新课导入

教师引导学生列举在日常生活中见到的砂型铸造件，讲解砂型铸造的概念，引入新课。

（三）探究新知

1. 制造砂型的材料与设备

教师讲解制造砂型所用到的材料（型砂与芯砂）与设备（铸型、模样与芯盒）。

（1）型砂与芯砂

详细讲解型砂与芯砂的用途及区别，让学生了解型（芯）砂的基本原材料和常用的铸造用砂。

（2）铸型

通过下列问题引导学生分析教材图 1–2，明确铸型的组成及用途。

1）铸型由哪几部分组成？哪个部分是用于形成铸件的？

2）熔融金属是通过哪些结构到达铸型内腔的？

3）上砂箱与下砂箱的分型面在什么位置？

4）设置冒口和出气孔的作用是什么？

（3）模样与芯盒

结合教材图 1–2，通过下列问题引导学生分析模样与芯盒在制造铸型中的用途。

1）制造砂型时，使用模样的目的是什么？

2）制造砂型时，使用芯盒的目的是什么？

2. 砂型铸造的基本概念

（1）教师详细讲解收缩余量、加工余量、起模斜度和铸造圆角四个铸造参数，让学生明确这四个参数的作用。

（2）教师结合教材图 1–5，通过下列问题引导学生分析芯头的作用。

1）芯头是模样的哪个部分？造型时在铸型内形成哪部分结构？

2）芯头是型芯的哪个部分？造型时是否形成铸件的部分形状？

（3）教师在讲解浇注系统时，要结合教材图 1–6 进行分析，培养学生的读图能力。

引导学生阅读教材图 1–6，找出铸件部分，分析浇注时熔融金属的流动过程。让学生明确浇注系统的组成：浇口杯、直浇道、横浇道、内浇道。

（4）浇注系统是教学的重点之一，要让学生掌握浇口杯、直浇道、横浇道、内浇道和冒口的概念及用途。

3. 砂型铸造的工艺过程

（1）教师引导学生分析教材图 1–7，并绘制砂型铸造流程图（图 1–1），让学生了解砂型铸造的工艺过程。

（2）教师在学生了解了砂型铸造工艺过程的情况下，再讲解每个工艺步骤的内容和操作方法，这样便于学生理解和记忆。

（3）造型方法很多且影响铸件的形状和精度，教师要重点讲解。有箱造型是最传统也是应用最广的造型方法，教师可以重点分析其中整模造型的工艺过程，并将其他造型方法与整模造型进行对比讲解。

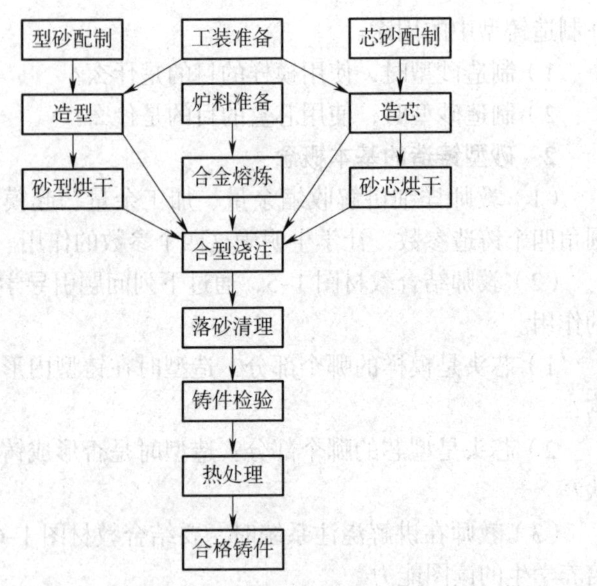

图 1–1　砂型铸造流程图

（4）教师在讲解浇注知识时，要详细讲解浇注温度和浇注速度的概念，以及两者对铸件质量的影响，让学生掌握铸造过程中浇注温度和浇注速度的控制方法。

4. 铸件的缺陷

教师要结合图例讲解铸件常见的缺陷，让学生了解每种缺陷的特征、产生原因和避免方法。

§ 1–3　特种铸造及铸造新技术

一、教学目标

1. 了解常见特种铸造的工艺过程。

2. 了解常见的铸造新技术和新工艺。

二、教学重点与难点

1. 教学重点

（1）特种铸造。

（2）铸造新技术和新工艺。

2. 教学难点

（1）熔模铸造。

（2）陶瓷型铸造。

三、教学设计与建议

教学中注意以下两点：第一，在介绍特种铸造及铸造新技术相关内容时，可从与传统砂型铸造方法的比较中引入，再对特种铸造及铸造新技术的现状、分类以及发展趋势进行综合介绍；第二，特种铸造及铸造新技术是不断更新发展的，要引导学生检索和了解更多与铸造相关的新知识和新信息。

（一）复习提问

教师引导学生复习上一节所学知识，并回答下列问题。

1. 什么是型砂？什么是芯砂？两者有何区别？

2. 铸型主要由哪些部分组成？

3. 铸造圆角有哪些作用？

4. 砂型铸造一般由哪些工艺过程组成？

5. 铸件中气孔产生的原因有哪些？

（二）新课导入

教师引导学生上网检索砂型铸造以外的其他铸造方法，了解这些铸造方法的工艺过程、特点及用途，引入新课。

（三）探究新知

基于学生上网检索到的铸造方法，教师简要介绍目前常见的特种铸造以及铸造新技术和新工艺。

1. 特种铸造

教师重点讲解熔模铸造。讲解时结合哑铃铸造示例，介绍熔模铸造每个工艺过程的操作和目的，让学生熟悉熔模铸造工艺。

在介绍熔模铸造、金属型铸造、压力铸造和离心铸造时应注意讲清楚各自的工艺过程和特点，最后再对几种特种铸造方法的特点和应用情况进行总结性的对比讲解。

2. 铸造新技术和新工艺

理论上讲，除砂型铸造以外的铸造方法都称为特种铸造，而一些铸造的新工艺、新技术实际上是在传统砂型铸造工艺的基础上对其工艺方法进行重大改进和创新发展而来的，如陶瓷型铸造和实型铸造工艺，因此，讲解时应将其与砂型铸造的工艺过程做对比，使学生更容易了解这些新工艺、新技术的特点和优势。

第二章　锻　　压

一、教学内容分析

本章共有三节内容。

第一节主要讲授了锻造、冲压和其他常见的压力加工方法，目的是让学生了解锻压在机械制造中的应用。

第二节主要讲授了锻造的相关知识，目的是让学生了解锻造的生产工艺过程，了解自由锻所用的设备、工具、基本工序和常见缺陷，了解模锻和胎模锻的工艺过程、特点及应用。

第三节主要讲授了冲压的相关知识，目的是让学生了解常用冲压设备的用途，了解冲压的基本工序。

通过本章的教学，使学生了解机械制造中常用的锻压方法，了解锻造和冲压的生产工艺过程，并初步具备编制零件锻压工艺的能力。

二、教学建议

1. 由于日常生活中可以见到的锻压件比较多，如锤子、不锈钢餐盘、不锈钢汤匙等，教师可通过讨论这些示例的生产过程，引出锻造和冲压的概念，激发学生的好奇心，使学生积极主动地参与到本课程的学习中。

2. 本章涉及多种锻压方法，讲授时可结合课件和视频，增加学生对所学知识的掌握。

§2-1 概　　述

一、教学目标

1. 了解锻造和冲压的基本概念和特点。

2. 了解其他常见压力加工方法的工作原理。

二、教学重点与难点

1. 教学重点

（1）锻造。

（2）冲压。

（3）其他常见压力加工方法。

2. 教学难点

其他常见压力加工方法。

三、教学设计与建议

由于日常生活中可以见到的锻件和冲压件比较多，教师可让学生列举所见示例，并讨论所列示例的生产过程，帮助学生理解锻造和冲压的概念。在此基础上，再讲解锻造和冲压的特点，能起到事半功倍的教学效果。

（一）复习提问

教师引导学生复习上一章所学知识，并回答下列问题。

1. 什么是铸造？按生产方法不同，铸造可分为哪几种？

2. 砂型铸造一般由哪些工艺过程组成？

3. 常见的特种铸造有哪些？

（二）新课导入

教师引导学生列举日常生活中见到的锻件和冲压件，讨论所列示例的制作过程，启发学生思考锻件和冲压件在制造过程中坯料发生的变化，引出锻造和冲压的概念。

（三）探究新知

1. 锻造

（1）教师播放锻造加工视频，让学生观看锻造过程，并讨论坯料发生的变化，引出锻造的概念以及常用锻造方法。

（2）教师展示铸件和锻件，引导学生讨论两者在外观、内在质量、性能和工艺方法等方面的区别，让学生了解锻造加工的特点及应用场合。

2. 冲压

（1）教师播放冲压加工视频，让学生观看冲压过程，并讨论坯料发生的变化，引出冲压的概念。

（2）教师引导学生观察教材图 2–3 所示的冲压件，并讨论冲压件的特点，在此基础上，讲解冲压加工的特点及应用场合。

（3）教师引导学生分析锻造和冲压前原材料要做的处理，让学生明确锻造前原材料需要进行加热处理，而冲压加工是在常温下进行，原材料一般不需要进行加温处理。

3. 其他常见压力加工方法

教师可结合其他常见压力加工方法视频或工艺简图简单介绍轧制、拉拔和挤压的工艺方法，让学生了解这三种压力加工的原理。

§2–2 锻　　造

一、教学目标

1. 掌握锻造的生产工艺过程。
2. 掌握自由锻所用设备的工作原理和自由锻的基本工序。

3. 了解自由锻常见缺陷。

4. 了解模锻与胎膜锻的工艺过程、特点及应用。

二、教学重点与难点

1. 教学重点

（1）锻造生产工艺过程。

（2）自由锻。

（3）模锻。

2. 教学难点

空气锤的工作原理。

三、教学设计与建议

锻造是机械制造工业中机械零件毛坯的主要加工方法之一。通过锻造，不仅可以塑造机械零件的形状，而且能改善金属内部组织，提高金属的力学性能和物理性能。对于受力大、要求高的重要机械零件，大多采用锻造的生产方法制造毛坯。学习锻造的生产工艺过程，了解自由锻、模锻和胎膜锻的工艺过程，对学生今后编制零件毛坯制造工艺非常重要。

（一）复习提问

教师引导学生复习上一节所学知识，并回答下列问题。

1. 什么是锻造？按成形方式不同，锻造分为哪两大类？

2. 锻造具有哪些特点？

（二）新课导入

教师可以提出如下问题："通过概述的学习，我们认识了锻件，了解了锻造的概念和特点，大家知道锻件是如何制造出来的吗？"引导学生讨论锻件的制造过程，引入新课。

（三）探究新知

1. 锻造生产工艺过程

教师可以播放视频，展示不同锻件的生产工艺过程，引导学生讨论并总结锻造的基本工艺：下料、加热、锻造、冷却、质量检验和热处理。

（1）下料

讲授时要让学生明确，锻造的原材料绝大多数是各种型材和钢坯，在锻造前根据需要进行下料，即把各种型材和钢坯分成若干段。对于下料方法，要视材料性质、尺寸大小和对下料的质量要求而定。

（2）加热

结合金属材料及热处理的知识，引导学生分析加热的目的（提高金属的塑性和降低其变形抗力，即提高金属的可锻性）。让学生明确除少数具有良好塑性的金属（如黄金）可在常温下锻造成形外，大多数金属在常温下的可锻性较差，但将这些金属加热到一定温度后，可以大大提高其可锻性。

（3）锻造

通过下列问题引导学生思考锻造时坯料发生的变化，明确锻造的目的。

1）锻造时，坯料是如何发生变化的？

2）锻造时，坯料需要处于什么温度之间？

3）锻造后，坯料发生了哪些变化？

（4）冷却

在讲授锻件的冷却时，先讲授冷却的目的以及冷却不当的后果，再讲授常用的冷却方法及适用情况，同时分析锻件的冷却与零件热处理中冷却的区别。

（5）质量检验

该环节是让学生了解锻件质量（包括外观质量及内部质量）检验的必要性和检验内容。

（6）热处理

该环节是让学生明确锻件热处理的目的。讲授时，让学生明白锻件只是毛坯，还需要进行机械加工。由于锻件在加热时，金相组织发生变化，存在残余应力，导致表面硬化等现象，锻件的机械加工性能变差。为了改善锻件的机械加工性能，需要进行热处理。锻件常用的热处理方法有正火、球化退火等。

2. 自由锻

教师播放自由锻视频，让学生对自由锻工艺及其所用的设备具有初步的了解。

（1）自由锻设备

在讲解自由锻设备时，重点讲解空气锤，通过分析空气锤的结构和工作原理，让学生了解空气锤的用途和规格。

（2）自由锻工具

在介绍自由锻工具时，可分析比较重要的几种工具，并说明它们的用途。

（3）自由锻的基本工序

在讲授自由锻的基本工序时，教师可通过视频重点讲解镦粗、拔长、冲孔、弯曲、扭转、切割等工序，让学生掌握各工序的工艺方法。

（4）自由锻常见缺陷

教师通过图片或视频，详细讲解自由锻常见缺陷及其产生原因。

3. 模锻

教师可播放模锻视频，结合教材图 2-21 讲解模锻的工艺过程，让学生了解模锻的特点及应用。

4. 胎模锻

教师可以采用对比法，对比模锻来讲解胎模锻的工艺过程及其特点，让学生明确胎膜锻的模具是可移动的，而模锻的上模与下模分别紧固在锤头（或滑块）与砧座（或工作台）上。

§2-3　冲　　压

一、教学目标

1．了解常用冲压设备的用途。

2．了解冲压的基本工序。

二、教学重点与难点

1．教学重点

（1）冲压设备。

（2）冲压的基本工序。

2．教学难点

冲床的工作原理。

三、教学设计与建议

在讲解冲压设备时，可播放冲床和剪床加工视频，帮助学生了解冲床和剪床的工作原理。讲解冲压的基本工序时，可结合教材图 2–25、图 2–26，让学生了解各工序的操作方法。

（一）复习提问

教师引导学生复习上一节所学知识，并回答下列问题。

1．锻造的基本工艺过程有哪些？

2．锻件加热的目的是什么？锻件常用的冷却方法有哪些？

3．锻件热处理的目的有哪些？锻件常用的热处理方法有哪些？

4．自由锻的基本工序有哪些？各工序的目的是什么？

（二）新课导入

教师引导学生讨论冲压材料应具备的性能，并列举常用金属和非金属冲压材料，引入新课。

（三）探究新知

1. 冲压设备

教师展示开式单柱曲轴冲床的结构图和工作原理图，引导学生分析其结构和工作特点。教师可补充讲授操作冲床的危险性，培养学生的安全生产意识。

2. 冲压的基本工序

教师展示与冲压工序相关的图样，引导学生分析冲压过程，培养学生的自学能力。

（1）冲裁

结合工序图讲解冲裁、落料和冲孔的概念，并引导学生分析落料和冲孔的区别。

（2）剪切

结合工序图讲解剪切的概念，让学生了解剪切的用途。

（3）弯曲

结合工序图讲解弯曲的概念，让学生了解弯曲时板料的变化。

（4）拉深

结合工序图讲解拉深的概念，并举例说明生活中常见的拉深示例。

（5）翻边

结合工序图讲解翻边的概念，并说明翻边工序的用途。

第三章　焊　　接

一、教学内容分析

本章共有四节内容。

第一节主要讲授了焊接的定义、焊接的分类、焊接的特点及应用、金属的焊接性，目的是让学生了解焊接的定义、种类、特点及应用，了解常见金属的焊接性。

第二节主要讲授了焊条电弧焊、气体保护电弧焊、气焊与气割等常用焊接方法，目的是让学生了解焊条电弧焊的焊接原理、焊接设备与工具、焊条和焊接工艺，以及了解氩弧焊、二氧化碳气体保护焊、气焊与气割的原理。

第三节主要讲授了埋弧自动焊、等离子弧焊、电阻焊、钎焊等其他焊接方法，目的是让学生了解这些焊接方法的原理、特点及应用。

第四节主要讲授了焊接机器人的发展、应用、特点、分类及组成，目的是让学生了解焊接机器人在现代生产中的应用。

通过本章的教学，使学生了解机械制造中常用的焊接方法，了解焊接机器人在现代生产中的应用，并初步具备编制零件焊接工艺的能力。

二、教学建议

1. 由于日常生产中经常见到焊接工作场景，如焊接管道等，可让学生列举日常生活中所见过的焊接场景，讨论焊接的目的、现象等，激发学生的探究欲望，使学生积极主动地参与到本课程的教学中。

2. 由于焊接方法众多，各种焊接方法所用的原理和设备也各不相同，受学时的限制，教师不可能对每种焊接方法都进行深入讲解。教师可结合课件和视频，或到现场参观，主要对焊条电弧焊、二氧化碳气体保护焊等几种常用焊接方法进行详细讲解。

3. 如果带领学生到焊接现场参观，要做好安全防护。焊接作业是一种特种作业，焊工的作业场地环境复杂，要与各种易燃易爆气体、压力容器和电器接触。同时，在焊接过程中，又会产生有毒气体、有害粉尘、弧光辐射、高频电磁场噪声和射线等有害因素。所有这些有害、不安全因素都有可能导致发生爆炸、火灾、触电、烫伤、窒息和高空坠落等事故，不仅危害作业人员的安全与健康，而且还会对周围的其他人员和环境造成危害，因此，学习焊接安全文明生产操作规程对于学生在今后的实习和生产过程中加强自我保护、避免安全事故的发生具有非常重要的意义。

§3–1 概 述

一、教学目标

1. 掌握焊接的定义与分类。
2. 了解焊接的特点及应用。
3. 了解常见金属的焊接性。

二、教学重点与难点

1. 教学重点

（1）焊接的定义与分类。

（2）焊接的特点及应用。

（3）金属的焊接性。

2. 教学难点

金属的焊接性。

三、教学设计与建议

由于日常生活中经常见到焊接场景，可让学生描述所见过的焊接场景，并讨论常见材料的焊接性，帮助学生理解所学知识。

（一）复习提问

教师引导学生复习上一章所学知识，并回答下列问题。

1．锻造的基本工艺过程有哪些？

2．自由锻常用的基本工序有哪些？

3．冲压的基本工序可分为哪两类？

（二）新课导入

教师播放视频或带领学生到焊接车间参观，引导学生讨论焊接现象和焊接过程中坯料与焊条发生的变化，引入新课。

（三）探究新知

1. 焊接的定义

结合学生讨论的结果，教师讲解焊接的定义，强调焊接的实质，让学生明确焊接最本质的特点是通过焊接使焊件连接在一起，从而将原来分开的物体变成永久性连接的整体。同时也让学生明白，焊接不仅可以连接金属材料，也可以实现某些非金属材料的永久性连接。

2. 焊接的分类

教师通过视频或课件展示各种焊接方法焊接的产品，引导学生对不同焊接方法焊接的产品进行比较，让学生了解焊接方法的分类。

（1）熔焊

让学生了解熔焊需要将焊件接头加热至熔化状态，常见的焊条电弧焊、气焊、电渣焊、二氧化碳气体保护焊都属于熔焊。

（2）钎焊

让学生了解通过电烙铁焊接电气线路板属于钎焊，钎焊时母材不熔化而钎料熔化。

（3）压焊

让学生了解压焊是在焊接的同时对焊件施加压力（加热或不加热），以完成焊接的方法。

3. 焊接的特点及应用

（1）焊接的特点

对比铆接、铸造、锻造等加工方法，讲解焊接的特点，让学生了解焊接在节省金属材料、密封性、焊接设备、焊接工艺、结构强度、产品质量等方面的特点。同时也要了解焊件的性能不够均匀、结构容易变形和开裂等缺点。

（2）应用

引导学生检索焊接在现代工业生产中的应用实例，了解焊接在建筑、造船、汽车以及航空航天等行业中的应用。

4. 金属的焊接性

教师讲解金属的焊接性的概念，让学生明确金属的焊接性与焊件的化学成分、焊接方法、焊接的结构和使用要求等因素有关。

（1）钢的焊接性

详细讲解影响钢的焊接性的主要因素。随着碳含量的增加，钢的焊接性能变差，即高碳钢的焊接性比低碳钢差。

（2）铸铁的焊接性

铸铁属于脆性材料，焊接时的急冷、急热所产生的热应力很容易使接头处产生裂纹，而且焊接过程中熔池金属里的碳、硅元素烧损较多，很容易产生白口组织，导致铸铁的焊接性能很差，所以生产中很少对铸铁进行焊接，只是用于修补铸铁件。

（3）铝及铝合金的焊接性

铝的表面有一层高熔点的氧化铝薄膜，严重阻碍铝及铝合金的熔化，加上高温下铝对氢的溶解度较大，易形成氢气孔，因此，铝及铝合金的焊接性不好。

（4）铜及铜合金的焊接性

铜及铜合金热导率大，高温时铜能溶解大量的氢，易形成氢气孔，因此，铜及铜合金的焊接性不好。

§3–2　常用焊接方法

一、教学目标

1. 掌握焊条电弧焊的原理，了解焊条电弧焊所用的设备和工具。

2. 掌握焊条的组成、作用、分类及其选用。

3. 了解焊条电弧焊工艺的制定。

4. 了解氩弧焊与二氧化碳气体保护焊的原理、特点及应用。

5. 了解气焊与气割的原理、所用设备和工具。

二、教学重点与难点

1. 教学重点

（1）焊条电弧焊。

（2）气体保护电弧焊。

（3）气焊与气割。

2. 教学难点

（1）焊条电弧焊的原理。

（2）焊条电弧焊工艺。

三、教学设计与建议

焊条电弧焊、气体保护电弧焊、气焊与气割是生产中常用的焊接方法。一般学校都具有相应的焊接设备和实训场地，教师授课前可带领学生参观焊接实训场地，观看焊条电弧焊、气体保护电弧焊、气焊与气割的实际焊接过程，帮助学生了解所学知识。

（一）复习提问

教师引导学生复习上一节所学知识，并回答下列问题。

1. 什么是焊接？焊接的本质是什么？

2. 钎焊与熔焊有何异同？

3. 铸铁的焊接性能差的原因是什么？

（二）新课导入

教师根据参观实训场地情况，通过设问"焊条电弧焊是如何将两个工件焊接到一起的？焊接时，焊条和工件始终是接触的吗？焊条电弧焊中焊条起什么作用？"引导学生讨论，引入新课。

（三）探究新知

1. 焊条电弧焊

（1）焊条电弧焊的原理

教师通过视频或结合课件介绍焊条电弧焊的原理，讲解时注意强调要形成持续的电弧应具备以下两个条件。

1）两极间由低电压大流量持续供电的电源发射电子。

2）两极间存在可电离的气体介质。

让学生明白焊接电弧是负载，焊接时焊条与焊件保持一定的距离，保证电弧的生成。电弧的高温将焊条与焊件局部熔化，熔化了的焊芯以熔滴的形式过渡到局部熔化的焊件表面，冷却后形成焊件的焊缝。同时讲清熔渣、熔滴、熔池、保护气体、焊芯等所起的作用。

（2）焊接设备和工具

教师重点讲解弧焊电源，让学生了解常用弧焊电源的特点及用途。对于焊接工具，让学生了解各自的用途即可。

（3）焊条

教师展示焊条实物，引导学生观察焊条的组成，并讨论各部分的作用。结合教材图 3–10 进行归纳讲解，这样可以帮助学生理解焊条各组成部分的作用。再由焊件材料的不同，引出焊条的分类，让学生了解不同种类焊条的用途。最后，教师再讲解焊条的选用应考虑的因素，让学生根据焊件的力学性能、化学成分等因素选择焊条的种类。

（4）焊条电弧焊工艺

焊条电弧焊工艺是根据焊接接头形式、焊接材料、板材厚度、焊缝焊接位置等具体情况制定的，包括焊条型号、焊条直径、电源种类和极性、焊接电流、电弧电压、焊接速度、焊接坡口形式和焊接层数等内容。教师从焊条直径、焊接电流、电弧电压、焊接速度、焊接接头形式和坡口形式、电源种类和极性方面进行详细讲解，让学生了解焊条电弧焊的工艺。

（5）梳理知识脉络

教师按图 3–1 所示来梳理焊条电弧焊的知识脉络。

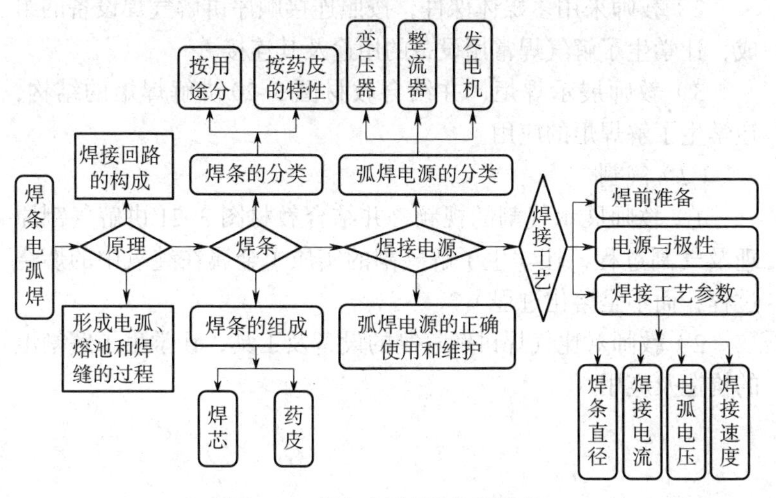

图 3–1　焊条电弧焊的知识脉络

2．气体保护电弧焊

教师讲解气体保护电弧焊是利用外加气体作为电弧介质并保护焊接区的电弧焊。常见的气体保护焊有氩弧焊和二氧化碳气体保护焊。

（1）氩弧焊

讲解氩气的特性，让学生明确氩气在氩弧焊中的作用，并结合教材详细讲解氩弧焊的特点、分类及应用，让学生对氩弧焊有初步的认识。

（2）二氧化碳气体保护焊

结合教材图 3–17 讲解二氧化碳气体保护焊的原理、优点、不足及应用，让学生对二氧化碳气体保护焊有初步的认识。

3．气焊与气割

（1）气焊

1）教师展示气焊的视频，并结合教材图 3–18 讲解气焊的概念和焊接原理，让学生了解气焊原理及其在生活和生产中的应用。

2）教师采用多媒体课件，按照连接顺序讲解气焊设备的组成，让学生了解气焊常用设备的用途及其连接。

3）教师展示焊炬，并结合教材图 3–20 讲解焊炬的结构，让学生了解焊炬的应用。

（2）气割

1）教师展示气割的视频，并结合教材图 3–21 讲解气割原理及气割过程，让学生了解气割的实质（金属在纯氧中的燃烧过程，而不是熔化过程）。

2）教师对比气焊讲解气割的设备及工具，让学生了解割炬的构造及应用。

§3-3　其他焊接方法

一、教学目标

1. 了解埋弧自动焊的工作原理和特点。
2. 了解等离子弧焊的原理、特点及应用。
3. 了解电阻焊的原理、分类及应用。
4. 了解钎焊的原理、分类、特点及应用。

二、教学重点与难点

1. 教学重点

（1）埋弧自动焊。

（2）等离子弧焊。

（3）电阻焊。

（4）钎焊。

2. 教学难点

等离子弧焊的原理。

三、教学设计与建议

埋弧自动焊、等离子弧焊、电阻焊与钎焊也是生产中常用的焊接方法。部分学校具有相应的焊接设备，能开展实训教学，这部分学校的教师授课前可带领学生参观焊接实训场地，观看埋弧自动焊、等离子弧焊、电阻焊与钎焊的实际焊接过程，帮助学生了解所学知识。没有相应焊接设备的学校，可通过播放视频，帮助学生学习。

（一）复习提问

教师引导学生复习上一节所学知识，并回答下列问题。

1．简述焊条电弧焊的焊接原理。

2．焊条的焊芯和药皮各有何作用？

3．常用的焊接接头有哪几种形式？

4．常用的气体保护电弧焊有哪几种？

（二）新课导入

“上节课学习了焊条电弧焊、气体保护电弧焊、气焊和气割，同学们还听说过其他焊接方法吗？”教师可以通过设问引导学生讨论其他焊接方法，引入新课。

（三）探究新知

1．埋弧自动焊

（1）埋弧自动焊的工作原理

教师带领学生现场参观或观看埋弧自动焊视频，结合埋弧自动焊的工作原理图，详细讲解埋弧自动焊的工作过程，让学生了解埋弧自动焊的三个显著特征及工作原理。

（2）埋弧自动焊的特点

教师通过分析埋弧自动焊的工作过程，讲解埋弧自动焊的特点，帮助学生掌握所学知识。

2．等离子弧焊

（1）等离子弧焊的原理

教师通过视频展示等离子弧焊工作过程，结合等离子弧焊的焊接示意图，讲解等离子弧焊的原理及等离子弧的三种形式，帮助学生了解等离子弧焊的原理。

（2）等离子弧焊的特点及应用

教师通过分析等离子弧焊的原理，帮助学生了解等离子弧焊的特点及应用。

3．电阻焊

（1）电阻焊的原理

教师通过电阻通电产生热这一物理现象，讲解电阻焊的工作过程，帮助学生理解电阻焊的原理。

（2）电阻焊的分类及应用

在学生理解电阻焊原理的基础上，教师详细讲解电阻对焊、电阻点焊和缝焊的焊接方法及应用。

（3）电阻焊的特点

教师根据电阻焊的原理，分析电阻焊的特点，帮助学生理解与掌握所学知识。

4. 钎焊

（1）钎焊原理及其分类

教师引导学生回顾电工中烙铁锡焊，引入钎焊的讲解，帮助学生了解钎焊的原理及分类。

（2）钎焊的特点及应用

教师根据钎焊的原理，分析其特点及应用，帮助学生理解与掌握所学知识。

§3–4 焊接机器人

一、教学目标

1. 了解焊接机器人的发展。
2. 了解焊接机器人在焊接生产中的应用。
3. 了解机器人焊接的特点。
4. 掌握焊接机器人的分类。
5. 了解焊接机器人的组成。

二、教学重点与难点

1. 教学重点

（1）焊接机器人的发展。

（2）焊接机器人的分类。

（3）焊接机器人的组成。

2. 教学难点

焊接机器人的组成。

三、教学设计与建议

焊接机器人在焊接生产中的应用越来越广，很多学校都开展了焊接机器人的实训教学，这部分学校的教师授课前可带领学生参观焊接机器人实训场地，观看焊接机器人实际焊接过程。学校没有开展焊接机器人实训教学的教师，可通过播放焊接机器人的焊接视频，帮助学生了解所学知识。

（一）复习提问

教师引导学生复习上一节所学知识，并回答下列问题。

1. 埋弧自动焊具有哪三个显著特征？

2. 按电源供电方式的不同，等离子弧分为哪三种形式？

3. 按加热方式的不同，钎焊分为哪几种？

（二）新课导入

教师根据参观实训场地（或观看视频）的情况，通过设问"在生产中，见到过焊接机器人吗？见到的焊接机器人主要完成哪些工作？焊接机器人能完全代替人的劳动吗？"引导学生讨论，增加学生对焊接机器人的了解，引入新课。

（三）探究新知

1. 焊接机器人的发展

教师讲解焊接机器人的概念及其经历的三个发展阶段，让学生了解焊接机器人的发展历程、每个阶段焊接机器人的特征以及焊接机器人的发展方向。

重点强调：第一代焊接机器人是示教再现型机器人；第二代焊接机器人是具有视觉或触觉感知能力的机器人；第三代焊接机器人是具有学习、推理和自动规划能力的智能型机器人。

2. 焊接机器人在焊接生产中的应用

教师介绍焊接机器人在汽车制造中的应用，让学生了解焊接机器人在现代生产中的实际应用情况。

3. 机器人焊接的特点

教师从适应性、产品质量和生产效率等方面进行分析，让学生了解焊接机器人的特点及其在现代生产中的发展趋势。

4. 焊接机器人的分类

焊接机器人按用途分为点焊机器人和弧焊机器人两类。教师通过课件详细讲解这两种机器人的特点及基本性能要求，让学生了解这两种焊接机器人的用途。

5. 焊接机器人的组成

焊接机器人的组成是本次课的难点，教师可以以弧焊焊接机器人为例，结合教材图 3–34 详细讲解，让学生了解焊接机器人的组成及各部分的作用。

第四章　切削加工基础

一、教学内容分析

本章共有六节内容。

第一节主要讲授了金属切削机床的分类与型号，目的是让学生了解金属切削机床型号的编制方法，能正确识别常见金属切削机床的型号。

第二节主要讲授了切削运动与切削用量，目的是让学生掌握切削运动的组成，能分清切削运动中的主运动和进给运动。并让学生掌握切削用量的三要素，能根据加工性质选择合理的切削用量。

第三节主要讲授了切削刀具的分类、组成及材料选用，目的是让学生能根据被加工材料及加工性质等条件，选择合适的刀具材料及刀具角度。

第四节主要讲授了切削力与切削温度，目的是让学生了解切削力的来源及影响切削力的因素，能确定切削热的来源，并能制定减少切削热和降低切削温度的工艺措施。

第五节主要讲授了切削液，目的是让学生了解切削液的作用、种类，能根据加工性质、工艺特点、工件材料和刀具材料等具体条件合理选用切削液。

第六节主要讲授了加工精度与加工表面质量，目的是让学生了解加工精度的概念及达到规定精度的方法，能用表面粗糙度和表面层材料的物理、力学性能表达工件的加工表面质量。

通过本章的教学，使学生掌握切削加工必须具备的基础知识，如金属切削机床型号的编制方法、切削运动与切削用量、切削刀具、切削力与切削温度、切削液、加工精度与加工表面质量等，为后续具体切削加工方法的学习奠定重要的理论基础。

二、教学建议

本章内容在教材的结构上起着承上启下的作用，是后续学习具体的切削加工方法的理论基础。建议在教学中注意以下几点。

1. 教学前最好通过参观机械加工车间或观看视频资料，让学生对切削加工有初步了解和感性认识，为后续展开的课堂互动式教学做好准备。在参观时应让学生做好机床铭牌的记录，为学习金属切削机床的型号做好准备。

2. 要注意本章各教学内容间的内在关系，在讲解切削运动、切削用量以及刀具切削部分的几何形状时，可围绕零件表面的形成规律进行介绍。

3. 对于刀具几何形状等难点内容，最好结合视频、课件、挂图、模型和实物来进行讲解。

4. 引导学生正确区分切削加工与机械加工的范畴。国家标准《机械制造工艺基本术语》（GB/T 4863—2008）对机械加工和切削加工明确定义为：

机械加工：利用机械力对各种工件进行加工的方法。

切削加工：利用切削工具从工件上切除多余材料的加工方法。

由定义可知，机械加工的范畴比切削加工要广得多。它不仅包括切削加工，还包括使材料产生塑性变形或分离而无切屑的加工方法（压力加工）。由于切削加工在机械制造工艺过程中占有极其重要的地位，在机械制造业长期的发展过程中，人们习惯上将切削加工中利用各类机床对工件进行切削的加工称为机械加工，如车削、铣削、刨削、磨削等。教材按传统习惯处理，狭义的机械加工仅指用机床进行的切削加工。

§4–1　金属切削机床的分类与型号

一、教学目标

1．了解金属切削机床的分类。

2．掌握金属切削机床型号的编制方法。

3．能识别常见金属切削机床型号的含义。

二、教学重点与难点

1. 教学重点

（1）金属切削机床的分类。

（2）金属切削机床型号的编制方法。

2. 教学难点

金属切削机床型号的编制方法。

三、教学设计与建议

授课前可带领学生参观机械加工车间，让学生仔细观察并记录机械加工车间里的金属切削机床的名称和型号，通过对比记录内容，引出机床的分类和型号的编制方法。再通过对典型机床型号的解读练习，帮助学生了解常用机床型号的识读方法，并通过举例讲解和引导学生上网检索等方式，对更多的典型机床型号进行解读，以提高和巩固学生识读机床型号的能力。

（一）复习提问

教师引导学生复习上一章所学知识，并回答下列问题。

1．简述焊条电弧焊的焊接原理。

2．焊条由哪几部分组成？各部分的作用是什么？

3．常用的气体保护焊有哪些？

4．什么是气焊？气焊常用工具有哪些？

（二）新课导入

教师带领学生参观机械加工车间，让学生仔细观察并记录所见金属切削机床的名称和型号，引导学生对比记录内容，引出机床的分类和型号的编制方法。

（三）探究新知

1．金属切削机床的分类

教师引导学生上网查阅《金属切削机床　型号编制方法》（GB/T 15375—2008），了解金属切削机床的型号编制方法，并明确金属切削机床按其工作原理划分为车床、钻床、镗床、磨床、齿轮加工机床、螺纹加工机床、铣床、刨插床、拉床、锯床和其他机床共 11 类。

2．金属切削机床的型号

（1）教师向学生强调：通过对机床型号的学习，能对机床有初步的了解和认识。机床型号不仅是一个代号，还能表达机床的名称、主要技术参数、性能和结构特点。它对机床的选用、操作、管理、装配与维修工作带来很大便利。因此，了解机床型号的组成及其含义是十分必要的。

（2）教师用课件将通用机床型号的表示方法展现给学生，并板书一个典型机床牌号对照讲解表示方法。为了便于学生理解和掌握，应先讲解学生比较熟悉且最典型的 CA6140 型机床型号的含义。再逐个分项学习由大写汉语拼音字母及阿拉伯数字组成的机床型号中各代号的具体含义。

（3）结合机床的分类介绍通用机床的类代号、通用特性代号。组、系代号对于不同类型或不同组别的机床具有不同的含义，所以，在介绍时可对典型机床的组、系代号编制情况进行举例介绍。

（4）国家标准《金属切削机床　型号编制方法》（GB/T 15375—2008）是现行的机床型号编制标准，可以让学生通过网络或机床手册进行查阅。

（5）在机床型号中，较难理解的是特性代号部分。特性代号包括通用特性代号和结构特性代号，两者代表的含义有着本质区别，见表 4–1。当某类型机床（除普通型外）还有某种通用特性时，则在类代号之后加通用特性代号予以区分。

表 4–1　　机床通用特性代号和结构特性代号的区别

特性代号	通用特性代号	结构特性代号
含义	指机床的某种通用特性，有统一的固定含义，它在各类机床型号中表示的含义相同。若同时具有 2 ~ 3 种通用特性时，一般按其重要程度来排列先后顺序	为了区别主参数相同而结构、性能不同的机床，它没有统一的含义，只在同类机床中起区分机床结构、性能的作用
代号	仅有 G、M、Z、B、K、H、F、Q、C、R、X、S 共 12 个字母	单个字母仅有 A、B、C、D、E、L、N、P、T、Y，不够用时，可组合成 AD、AE、DA、EA 等
示例	如“M”表示精密，“K”表示数控	如沈阳产 CA6140 型车床型号中的结构特性代号“A”的含义是：床身宽，导轨淬火，床鞍和中滑板可快移
关系	当两者都存在时，结构特性代号应排在通用特性代号之后，并且通用特性代号已用的字母及字母“I”和“O”不可作为结构特性代号使用	

（6）第二主参数是指最大跨距、最大工件长度、最大模数等。

（7）机床的重大改进设计不同于完全的新设计，它是在原有机床的基础上进行改进设计，因此，重大改进后的产品应代替原来的产品。

（8）专用机床型号的编制可通过举例讲解的方法做一般性介绍。

（9）企业代号及其表示方法

MB8240 表示最大回转直径为 400 mm 的半自动曲轴磨床。根据加工需要，经变换的第一种半自动曲轴磨床的型号为 MB8240/1，变换的第二种形式的型号为 MB8240/2，以此类推。

（10）讲解时应以最新机床型号为主，再补充一些旧型号，并注意旧型号与新型号之间的区别。因为机床使用寿命较长，机床旧型号仍然随处可见。

3. 金属切削机床型号示例

（1）选取典型机床型号，先让学生判断是通用机床还是专用机床，再指导学生根据型号编制规律从左向右识读。识读过程中请学生注意大多数机床的型号中都有省略项（分类代号、通用特性、主轴数或第二主参数重大改进序号、其他特性代号等），举例时要讲清楚具体省略了哪些内容，具体示例如图 4–1 所示。

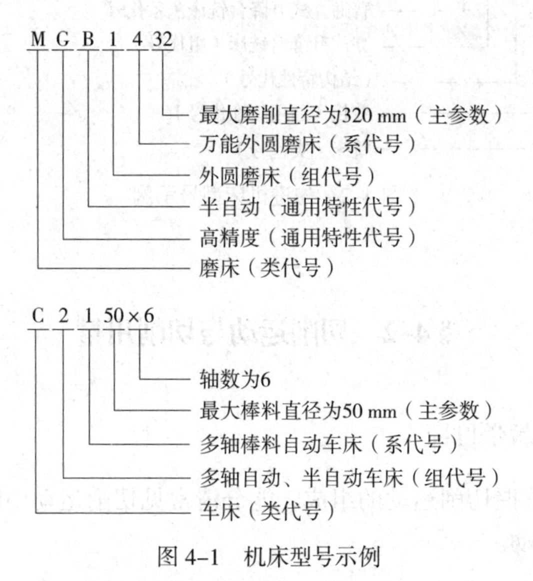

图 4–1　机床型号示例

（2）随着我国机床制造业的不断发展与创新，高精度、半自动、自动、数显、数控及加工中心等机床在企业中已获得相当广泛的应用。在本节中可适当增加部分比较先进的机床型号，以便开阔学生的视野，如图 4–2 所示。

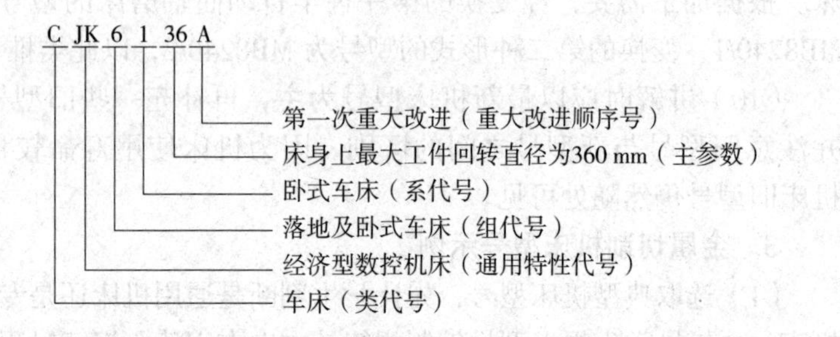

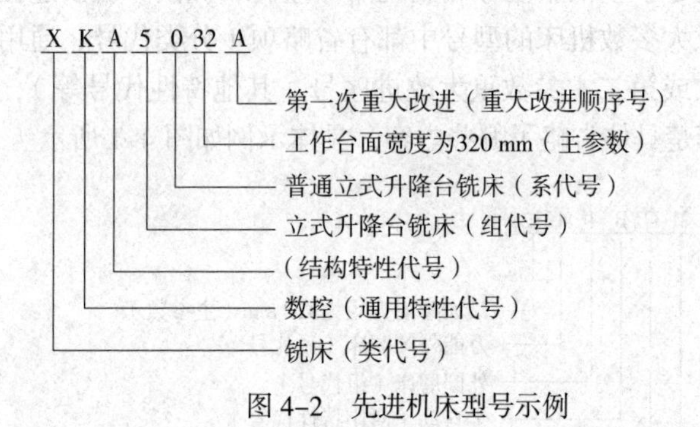

图 4–2　先进机床型号示例

§ 4–2　切削运动与切削用量

一、教学目标

1．掌握切削运动的组成，能分清常见切削运动中的主运动和进给运动。

2．掌握切削用量的三要素，能根据加工性质选择合理的切削用量。

二、教学重点与难点

1．教学重点

（1）切削运动。

（2）工件表面。

（3）切削用量及其选用原则。

2．教学难点

切削用量的选用原则。

三、教学设计与建议

按照零件表面的成形规律介绍刀具与工件间的相对运动和切削用量等概念。带领学生到机械加工车间观看常见的切削加工操作或观看切削加工操作的视频，讨论车削、铣削、刨削、钻削、磨削等常见切削加工的主运动和进给运动形式。并根据车削外圆的情况讲解切削表面的形成，再通过与学生交流互动，分析总结不同切削方法在工件上所形成的三个切削表面的位置。

（一）复习提问

教师引导学生复习上一节所学知识，并回答下列问题。

1．根据国家标准，金属切削机床按其工作原理可划分为哪几类？

2．金属切削机床的型号由哪些部分构成？

3．CA6140 机床型号的含义是什么？

（二）新课导入

通过播放外圆加工和螺纹加工的动画或视频，教师引导学生讨论外圆表面和螺纹表面的形成是由哪些切削运动来实现的，引入新课。

（三）探究新知

1. 切削运动

结合讨论，教师详细讲解切削运动的概念，让学生明确切削运动是形成工件表面的基本运动，包括主运动、进给运动和辅助运动。

（1）主运动

教师详细讲解主运动的概念和特点，让学生明确主运动是由机床或人力提供的主要运动，它促使刀具和工件之间产生相对运动，从而使刀具前面接近工件。主运动是切除工件表面多余材料所需要的最基本运动，在切削运动中形成机床切削速度，消耗主要动力。主运动可以是旋转运动，也可以是直线运动。并根据教材图 4–2，逐一讲解车削、铣削、刨削、钻削和磨削的主运动。

（2）进给运动

教师详细讲解进给运动的特点，让学生明确进给运动也是由机床或人力提供的运动，它使刀具和工件之间产生附加的相对运动，使主运动能够继续切除工件上的多余金属，以便形成所需几何特性的已加工表面。进给运动可以是连续的，如车削外圆时车刀平行于工件轴线的纵向运动，也可以是步进的，如刨削时工件的横向移动等。在切削中可以有一个或多个进给运动，也可以不存在进给运动。并根据教材图 4–2，逐一讲解车削、铣削、刨削、钻削和磨削的进给运动。

（3）辅助运动

教师让学生明确机床在切削加工过程中还需一系列辅助运动，其功能是实现机床的各种辅助动作，为加工表面的形成创造条件。它的种类很多，如进给运动前后的快进和快退，调整刀具和工件之间相对位置的调位运动、切入运动、分度运动，工件夹紧和松开等操纵控制运动。

2. 工件表面

教师引领学生分析车外圆时工件上形成的三个表面（教材图 4–3），明确待加工表面、过渡表面和已加工表面的概念和位置。在学生能掌握车外圆时工件上形成的三个表面的基础上，可引导学生讨论车内孔、车端面、车槽（图 4–3）时形成的工件表面。让学生明确加工内容不同，形成的表面不同，加工方法不同，三个表面的位置不同。

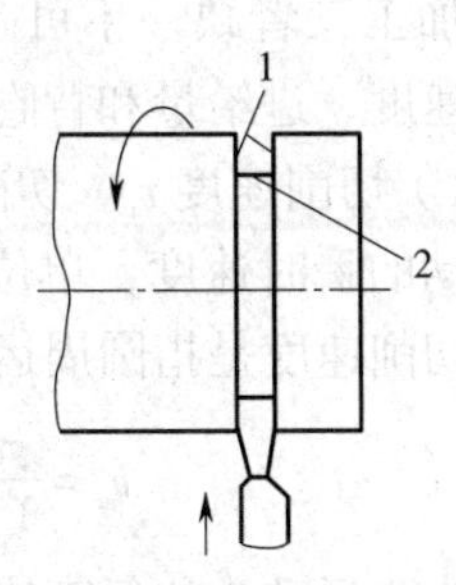

图 4–3　车槽时工件上的两个表面

1—已加工表面　2—过渡表面

3. 切削用量及其选用原则

教师先通过视频资料让学生对粗车外圆和精车外圆的切削用量变化有感性的认识及对比，再根据车削外圆的示意图给出切削用量三要素（切削速度、进给量和背吃刀量）的定义，推导出切削速度公式，并在讲清楚切削用量选择基本原则的基础上，结合教材表 4–3 讲解粗加工、精加工时的具体选择原则。

切削用量的选择原则如图 4–4 所示。

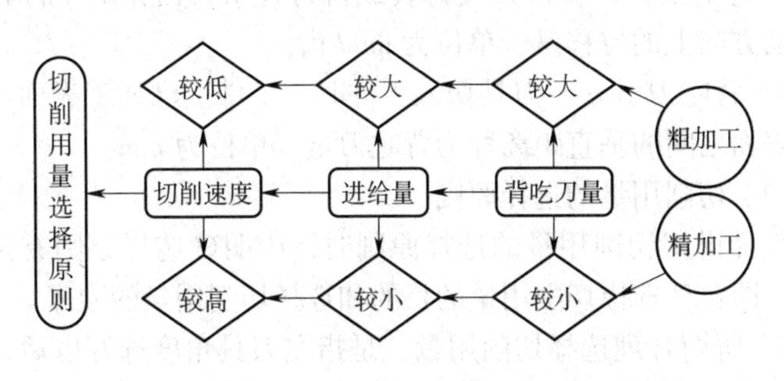

图 4–4　切削用量的选择原则

（1）切削用量

教师详细讲解切削用量所包含的要素，让学生明确要完成切削加工三者缺一不可。并结合教材图 4–4 讲解车削外圆时的切削速度、进给量和背吃刀量。

1）切削速度 v_c。切削速度是指切削刃上选定点相对于工件主运动的瞬时速度，单位为 m/min 或 m/s。当主运动是旋转运动时，切削速度是指圆周运动的最大线速度，即

$$v_c = \frac{\pi d_w n}{1\,000} \text{或} v_c = \frac{\pi d_w n}{60 \times 1\,000}$$

当主运动为往复直线运动时，则其平均切削速度为

$$v_c = \frac{2L_m n_r}{1\,000} \text{或} v_c = \frac{2L_m n_r}{60 \times 1\,000}$$

让学生明确公式中每个符号的含义及其取值单位，并能运用公式计算不同切削情况下的切削速度。

2）进给量 f。刀具在进给运动方向上相对工件的位移量，可用刀具或工件每转或每行程的位移量来表述和度量。

车削外圆时的进给量为工件每转一周刀具沿进给运动方向所移动的距离，单位为 mm/r；刨削时的进给量为刀具（或工件）每往复一次，工件（或刀具）沿进给运动方向所移动的距离，单位为 mm/str（毫米 / 往复行程）；对于多刃刀具（如铣刀）还有每齿进给量，即多齿刀具每转或每行程中每齿相对工件在进给运动方向上的位移量，单位为 mm/ 齿。

3）背吃刀量 a_p。刀具切入工件时，工件上已加工表面与待加工表面之间的垂直距离称为背吃刀量，单位为 mm。

（2）切削用量的选择原则

教师讲解切削用量的选择原则时，应明确选择原则有两个方面，即合理选择切削用量的目的和选择切削用量的顺序。

1）所谓合理选择切削用量，是指在刀具角度选好以后，合理确定背吃刀量、进给量和切削速度进行切削加工，以充分发

挥机床和刀具的效能，提高劳动生产效率。

2）合理的切削用量应能满足以下几点基本要求：

①保证安全，不至于发生人身事故或损坏机床、刀具等事故。

②保证工件已加工表面的尺寸、表面粗糙度等符合技术要求。

③在满足以上两项要求的前提下，要充分发挥机床的潜力和刀具的切削性能，尽可能选用较大的切削用量，使基本时间最少，生产效率最高，成本最低。

④不允许超过机床功率，在工艺系统刚度条件下，不能产生过大的变形和振动。

3）在实际生产中，情况多种多样，因此必须从实际出发，对具体情况做具体分析，抓住主要矛盾，经过调查研究和实践，向有经验的工人师傅虚心学习，才能选择出比较合理的切削用量。

4）采用对比法或反证法来选择切削用量。

§4–3 切 削 刀 具

一、教学目标

1. 掌握切削刀具的结构及切削部分的主要角度。
2. 能正确绘制刀具切削部分的主要角度。
3. 了解切削刀具材料应具备的基本性能及常用刀具材料。
4. 能根据加工条件，正确选用刀具材料。

二、教学重点与难点

1. 教学重点

（1）切削刀具结构及切削部分的主要角度。

（2）切削刀具材料及其选用。

2. 教学难点

刀具切削部分的主要角度。

三、教学设计与建议

构成切削刀具的几何角度需要通过一些假想的参考平面加以定义，定义比较抽象，学习难度大，因此，授课时教师可借助车刀模型并结合挂图、幻灯片或动画进行讲解。

（一）复习提问

教师引导学生复习上一节所学知识，并回答下列问题。

1. 什么是主运动？它有何特点？
2. 什么是进给运动？它有何特点？
3. 切削用量包括哪几个要素？

（二）新课导入

教师播放切削加工视频，引导学生讨论刀具在切削加工过程中的作用，引出切削刀具的结构、形状及几何角度等内容，引入新课。

（三）探究新知

1. 切削刀具的分类

教师通过课件或实物展示不同的刀具，引导学生了解切削刀具的分类方法及刀具的名称。

2. 切削刀具的组成

（1）刀具的结构

以普通外圆车刀为例，教师利用车刀模型并结合挂图、幻灯片或动画讲解刀具上的几何关系，依据定义使学生能一一指认刀柄、前面、主后面、副后面、主切削刃、副切削刃、刀尖。以 75° 车刀为典型车刀讲解车刀的组成，重点是车刀切削部分的结构，按图 4–5 所示进行总结并板书。

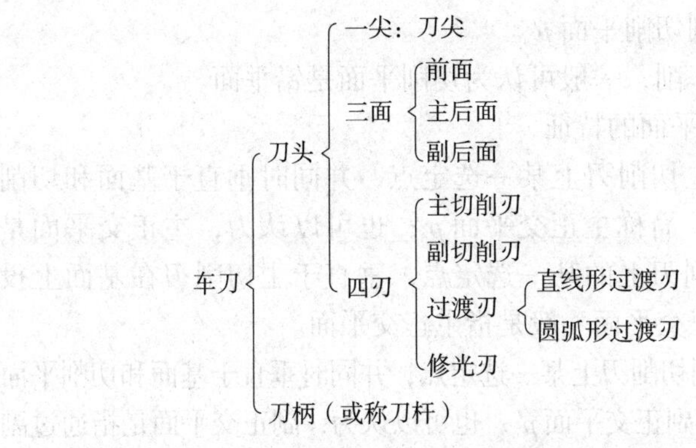

图 4–5　车刀的结构

（2）刀具角度

在学生掌握刀具结构的基础上，教师再逐一讲解刀具各个角度的定义。讲解角度定义时应注意利用课件先讲清楚用来辅助定义角度的三个假想平面：基面、正交平面和主切削平面，再利用模型和课件讲清楚教材中所介绍的五个基本角度。该知识点较难理解，教师可用实物、挂图或自制的模型等教具以及多媒体等教学手段形象讲解，用直观的教学手段突破此难点，以加深学生的理解。

1）基面 p_r 的特征

①通过主（副）切削刃上的某一选定点，即主切削刃和副切削刃的基面是同一个。

②垂直于该点主运动方向的平面。

③对于车削，一般可认为基面是水平面，可理解为平行于车刀底面的平面。

④垂直于切削平面的平面。

2）切削平面的特征

①通过主切削刃上某一选定点，与主切削刃相切并垂直于基面的平面为主切削平面 p_s。切削平面一般是指主切削平面。

②通过副切削刃上某选定点，与副切削刃相切并垂直于基

面的平面为副切削平面 p'_s。

③对于车削，一般可认为切削平面是铅垂面。

3）正交平面的特征

①通过主切削刃上某一选定点，并同时垂直于基面和切削平面的平面，简称主正交平面 p_o；也可以认为，主正交平面是指通过主切削刃上的某一选定点，垂直于主切削刃在基面上投影的平面。正交平面一般是指主正交平面。

②通过副切削刃上某一选定点，并同时垂直于基面和切削平面的平面，简称副正交平面 p'_o；也可以认为，副正交平面是指通过副切削刃上的某一选定点，垂直于副切削刃在基面上投影的平面。

③对于车削，一般可认为正交平面是铅垂面。

4）刀具切削部分的主要角度

教师可以沿着图 4–6 所示三条路线完成车刀切削部分的几何要素和主要角度的讲解。

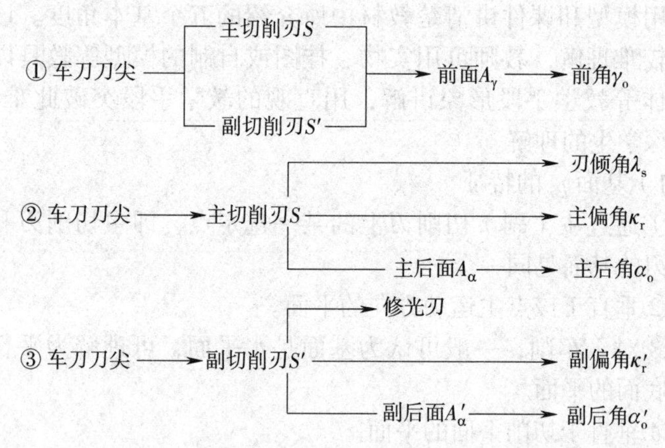

图 4–6　车刀切削部分的几何要素和主要角度

3. 切削刀具材料及其选用

该知识点是本章的一个重点内容，学生要了解刀具材料应具备的基本性能，并掌握常用刀具材料的种类及选用。

（1）刀具材料应具备的基本性能

首先，让学生明确刀具材料是指刀具切削部分的材料。切削时，刀具切削部分直接和工件及切屑相接触，承受着很大的切削压力和冲击力，并受到工件及切屑的剧烈摩擦，产生很高的切削温度，也就是说刀具切削部分是在高温、高压及剧烈摩擦的恶劣条件下工作的。

其次，详细讲解刀具材料应具备的各种性能。刀具材料应该具备高硬度，足够的强度和韧性，高的耐磨性和耐热性，良好的导热性和工艺性，较好的经济性、抗黏结性和化学稳定性等。

（2）常用刀具材料的种类及选用

讲解常用刀具材料前，先引导学生复习车刀材料中常见的化学元素符号和分子式，见表 4–2。再详细讲解常用刀具材料的特点及用途，见表 4–3。

表 4–2　车刀材料中常见的化学元素符号和分子式

化学元素符号和分子式	W	Cr	V	Mo	C	Co	Ti
名称	钨	铬	钒	钼	碳	钴	钛
化学元素符号和分子式	Ta	Nb	WC	TiC	TaC	NbC	
名称	钽	铌	碳化钨	碳化钛	碳化钽	碳化铌	

表 4–3　常用刀具材料的特点及用途

刀具材料	特点	用途
碳素工具钢	淬火后具有较高的硬度（59～64HRC），易打磨，价格低，但耐热性差，在 200～250 ℃时硬度明显下降，所以它允许的切削速度较低（v_c<10 m/min）	主要用于手工用刀具及低速简单刀具，如手工用铰刀、丝锥、板牙等。因其淬透性较差，热处理时变形大，不易用来制造形状复杂的刀具

续表

刀具材料		特点	用途
合金工具钢		与碳素工具钢相比，具有更高的耐热性和韧性，其耐热温度为300～350 ℃，故允许的切削速度比碳素工具钢高10%～14%，它的淬透性较好，热处理变形小	多用来制造形状比较复杂，要求淬火后变形小且切削速度低的机用刀具，如铰刀、拉刀等
高速钢		一种含有W（钨）、Mo（钼）、Cr（铬）、V（钒）等合金元素较多的合金工具钢。它是综合性能较好的一种刀具材料，可以承受较大的切削力和冲击力，具有热处理变形小、能锻造、易磨出较锋利刃口等优点	主要用于制造切削速度较高的精加工切削刀具和各种复杂形状的切削刀具，如车刀、铣刀、各种钻头、齿轮刀具等
硬质合金		具有硬度高、熔点高、化学稳定性好和热稳定性好等特点，切削效率是高速钢刀具的5～10倍，但韧性差、脆性大，承受冲击和振动的能力低	主要用于制造高速切削和具有高耐磨性的切削刀具，如麻花钻、车刀、铣刀等，用于各种金属零件的半精加工和精加工等
新型材料	陶瓷	具有很高的高温硬度、耐磨性和耐热性，切屑与刀具的前面黏结小，但抗弯强度和韧性差	用于制作各种刀片，加工冷硬铸铁、高硬钢、高强度钢及难加工材料的半精加工和精加工

续表

刀具材料		特点	用途
新型材料	立方氮化硼	人工合成的高硬度材料，硬度仅次于人造金刚石，耐磨性较好，耐热性和化学稳定性都高于金刚石，能承受很高的切削温度	既可制成整体刀片，也可与硬质合金复合制成复合刀片，用于淬硬钢、耐磨铸铁、高温合金等难加工材料的半精加工和精加工，使用时要求机床刚度高，主要用于连续切削
	人造金刚石	硬度仅次于天然金刚石，耐磨性极好，但韧性和抗弯强度低，热稳定性差	主要用于制作各种车刀、镗刀、铣刀等，不但可以加工高硬度的硬质合金、陶瓷、玻璃、合成纤维和强化塑料等材料，还可以加工非铁金属及其合金

§4–4 切削力与切削温度

一、教学目标

1. 了解切削力的来源及影响总切削抗力的因素。

2. 了解切削热产生的来源，能制定减少切削热和降低切削温度的工艺措施。

二、教学重点与难点

1. 教学重点

（1）切削力。

（2）切削温度。

2. 教学难点

总切削力的分力。

三、教学设计与建议

由于总切削力是一个空间矢量，在切削过程中它的方向和大小不容易测试，定义比较抽象，学习难度大，授课时，教师可借助车刀模型讲解。

（一）复习提问

教师引导学生复习上一节所学知识，并回答下列问题。

1．75° 外圆车刀的切削部分由哪几部分组成？

2．刀具静止参考系主要有哪些基准坐标平面？

3．车刀的切削部分共有哪五个独立的基本角度？

4．切削加工对刀具材料有哪些基本要求？

5．常用的刀具材料有哪些？

（二）新课导入

在进行外圆车削时，教师提出问题"车刀受到哪些作用力？车刀所受的力与工件所受的力是什么关系？车削过程中，是否有切削热产生？"启发学生思考外圆车削过程中所产生的物理现象，引入新课。

（三）探究新知

1．切削力

（1）教师播放车削外圆的视频，引导学生观察车刀车削工件时被切金属层逐渐变成切屑的过程，导入切削过程中另一个重要的物理现象——切削力的内容。

（2）学习总切削力的分解知识可沿着以下步骤讲解：

$$\text{总切削力}\begin{cases}\text{切削力 } F_c \\ \text{法向力 } F_D\begin{cases}\text{背向力 } F_p \\ \text{进给力 } F_f\end{cases}\end{cases}$$

在外圆车削中，切削力 F_c、背向力 F_p 和进给力 F_f 习惯上又称为垂直切削分力、径向切削分力和轴向切削分力。总切削力及其分力的概念较难理解，如通过切削力的实用意义来讲解，则效果更好。

1）提出第一个问题，如果车刀刀柄是橡胶材料，车削时刀柄会出现什么现象？学生会明显看出切削力把车刀垂直于地面向下压，刀片受压的同时橡胶的刀柄会向下弯曲，车刀刀柄伸出越长，弯曲越明显，这个力就是切削力 F_c，如图 4–7 所示。

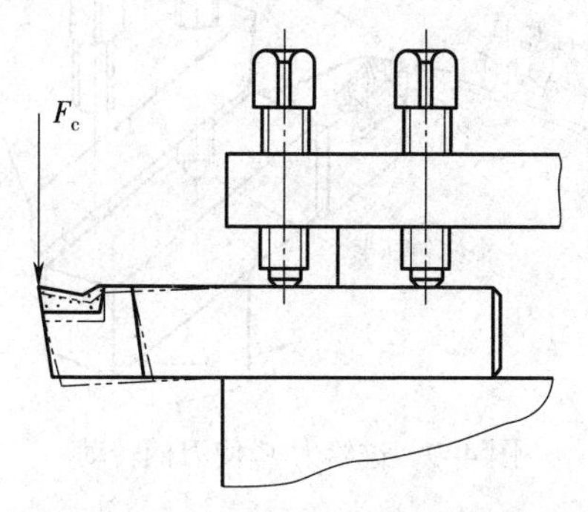

图 4–7　切削力 F_c 使刀柄弯曲

2）再提出第二个问题，如果紧固螺钉没有压紧车刀，车削时刀柄会出现什么现象？学生会清晰地看到，没有压紧的刀柄会后退，无法接触工件。这个使车刀向后退的力就是背向力 F_p，如图 4–8 所示。

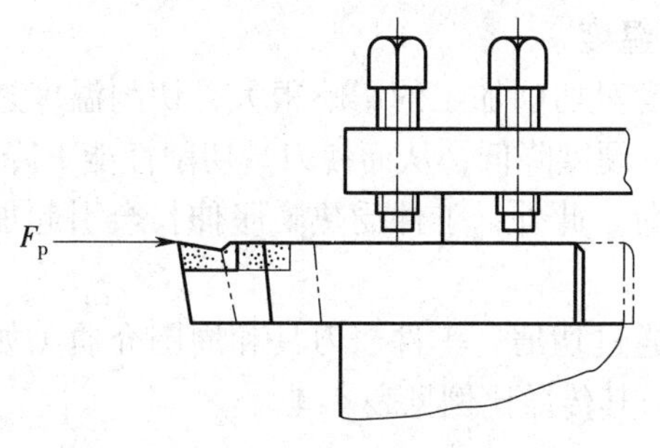

图 4–8　背向力 F_p 使刀柄后退

3）最后提出第三个问题，如果最后面的紧固螺钉没有压紧车刀，即只有前面一个螺钉压紧刀柄，车削时刀柄会出现什么现象？学生会清晰地看到，车刀刀柄在水平面内转动，这个力就是进给力 F_f，如图 4–9 所示。

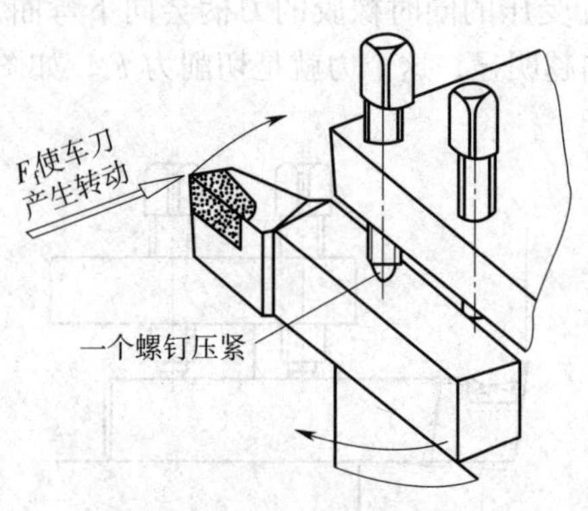

图 4–9　进给力 F_f 使刀柄转动

（3）回顾初中物理所学的作用力与反作用力的概念，引导学生讨论总切削力与总切削抗力的关系。让学生明确总切削力与总切削抗力是作用力与反作用力的关系，大小相等，方向相反，总切削力作用在工件上，总切削抗力作用在刀具上。

（4）最后教师从工件材料、切削用量、刀具角度和切削液等方面，引导学生讨论影响总切削抗力大小的因素。

2. 切削温度

切削温度对切削加工的影响很大，切削温度过高会导致刀具材料软化，硬度降低，从而使刀具切削性能下降，磨损加剧，缩短刀具寿命。此外，工件受热膨胀伸长会引起加工变形，影响加工精度。

切削热通过切屑、工件、刀具和周围介质（如空气或切削液等）传散，其传散比例见表 4–4。

表 4-4　　切削热的传散比例

加工方法	切屑	工件	刀具	介质（空气或切削液）
干车削钢	50% ~ 86%	3% ~ 9%	10% ~ 40%	1%
钻削	28% ~ 30%	14% ~ 20%	52% ~ 55%	0.5% ~ 3%

§4-5　切　削　液

一、教学目标

1．了解切削液的作用、种类、选用及使用切削液的注意事项。

2．能根据加工性质、工艺特点、工件材料和刀具材料等条件合理选用切削液。

二、教学重点与难点

1．教学重点

（1）切削液的作用。

（2）切削液的种类。

（3）切削液的选用。

（4）切削液的使用注意事项。

2．教学难点

切削液的选用。

三、教学设计与建议

1．由于学生尚缺少相关的工艺知识和金属材料等方面的专业基础知识，切削液的选用是一个难点。建议在讲解中涉及相关知识时做必要的补充，以方便学生理解；同时又不能铺开太多、涉及太深，应“点到为止”。

2．在讲解切削液的冷却、润滑、清洗、防锈四个作用时，可以采用反证法来讲解，即如果不使用切削液，在切削热、摩擦力以及排屑对刀具和工件加工质量存在影响的情况下，车削能否顺利进行？这样的分析和描述会加强学生对切削液重要性的认识。

（一）复习提问

教师引导学生复习上一节所学知识，并回答下列问题。

1．影响总切削抗力大小的因素有哪些？

2．什么是切削热？其来源有哪些？

3．减少切削热和降低切削温度的工艺措施有哪些？

（二）新课导入

教师播放暂不加切削液的车削视频，让学生观察车刀切削部分的变化，并展示图 4–10 所示的车刀前面上的切削温度分布示意图，引导学生思考切削过程中切削热对刀具的影响，引入新课。

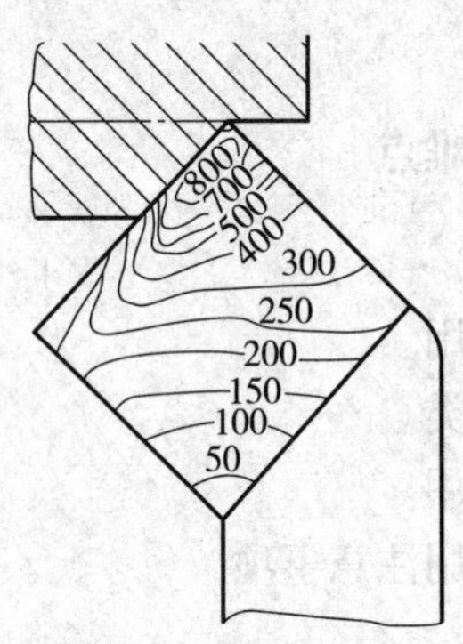

注：图中数值单位为 ℃。

图 4–10　车刀前面上的切削温度分布示意图

（三）探究新知

1．切削液的作用

教师首先讲清切削加工中应用切削液的目的是提高切削加工效果。其次，让学生明确切削液的主要作用为冷却和润滑，加入特殊添加剂后，还可以起到清洗和防锈的作用。

（1）冷却作用

教师通过切削热对切削加工的影响，讲解切削液的冷却作用，让学生明确切削过程中使用切削液可使切削区的切削温度降低，起到减少工件因热膨胀而引起的变形和保证刀具切削刃强度、延长刀具寿命的作用，提高加工精度，同时又为提高劳动生产效率创造了有利条件。

同时让学生明确切削液的冷却性能取决于它的热导率、比热容、汽化热、流量、流速等，但主要取决于热导率，并让学生了解常用切削液的冷却性能。

（2）润滑作用

教师从减小摩擦的角度讲解切削液的润滑作用，让学生明确切削时切削液渗透到刀具与切屑、工件表面之间，形成润滑膜面，减小摩擦，减缓刀具的磨损，降低切削力，提高已加工表面的质量。同时，还可减小切削功率，提高刀具寿命。

（3）清洗作用

教师从浇注切削液能冲走碎屑或粉末的角度讲解切削液的清洗作用，让学生明确切削液能冲走碎屑或粉末，防止它们黏结在工件、刀具、模具上，起到降低工件的表面粗糙度值、减少刀具磨损及保护机床的作用。

（4）防锈作用

教师通过不加切削液加工的工件，过一段时间容易出现锈斑这一现象，讲解防锈的重要性。使用油基切削液或使用含特殊添加剂的切削液能够减轻工件、机床、刀具受周围介质（空气、水分等）的腐蚀作用。

2. 切削液的种类

（1）水溶液

教师讲解水溶液的主要成分，让学生明确，添加不同的成分，可使水溶液具备不同的性能。如加入聚乙二醇和油酸时，水溶液既有良好的冷却性，又有一定的润滑性。

（2）乳化液

教师讲解乳化液的成分，让学生了解乳化液各成分的性能和作用。

（3）合成切削液

教师讲解合成切削液的成分，让学生了解合成切削液具有良好的冷却、润滑、清洗和防锈性能，是国内外推广使用的高性能切削液。

（4）切削油

让学生明确常用的切削油有 L–AN10 号全损耗系统用油、L–AN20 号全损耗系统用油、轻柴油、煤油等，其主要在切削过程中起润滑作用。

（5）极压切削油

教师讲解极压切削油的配制情况和性能，让学生了解它的使用效果。

（6）固体润滑剂

让学生了解目前所用的固体润滑剂的种类、性能。

3. 切削液的选用

这是本节课重点内容，也是难点。选用切削液时应考虑加工性质、工艺特点、工件材料和刀具材料等具体条件。

（1）根据加工性质选用

教师要让学生明白，加工性质不同，切削液的选用不同。如粗加工时，应选择以冷却作用为主的乳化液或合成切削液，但加工铸铁时，一般不用切削液；精加工时，应选用润滑性能较好的极压切削油或高浓度极压乳化液；半封闭式加工时，须选用黏度较小的极压乳化液或极压切削油，并加大切削液的压力和流量。

（2）根据工件材料选用

教师要让学生明白，工件材料不同，切削液的选用不同。

如一般钢件，粗加工时选乳化液，精加工时选硫化乳化液。教师可根据教材讲解加工铸铁、铸铝、有色金属等材料的切削液选用情况。

（3）根据刀具材料选用

教师要让学生明白，刀具材料不同，切削液的选用不同。应用高速钢刀具粗加工时，选用乳化液；精加工钢件时，选用极压切削油或浓度较高的极压乳化液。应用硬质合金刀具一般不使用切削液。如果要使用，必须连续充分地浇注。

4. 使用切削液的注意事项

教师从环保、效能、流量等方面进行讲解，让学生了解切削液的使用注意事项。

§4–6 加工精度与加工表面质量

一、教学目标

1. 了解加工精度的概念及获得规定尺寸精度的方法。
2. 了解加工表面质量所包括的内容，能明确加工表面质量对工件使用性能的影响。

二、教学重点与难点

1. 教学重点

（1）加工精度。

（2）加工表面质量。

2. 教学难点

获得规定尺寸精度的方法。

三、教学设计与建议

本节主要讲授了加工精度的概念和获得规定尺寸精度的方

法，同时简要介绍了加工表面质量所包括的内容，内容虽然少，但后面每个涉及切削加工的章节，都应用到本节所学知识。教学时，教师可通过展示不同质量的零件，说明加工精度和加工表面质量的重要性及获得方法。

（一）复习提问

教师引导学生复习上一节所学知识，并回答下列问题。

1. 水溶液、乳化液和油，哪种切削液的冷却性能最好？
2. 用高速钢刀具粗车或粗铣非合金钢时，应选用哪种切削液？
3. 加工镁合金时，能否使用切削液？

（二）新课导入

教师展示典型工件（如台阶轴的毛坯、半成品和成品），引导学生讨论加工精度与加工表面质量对零件使用性能的影响，引入新课。

（三）探究新知

1. 加工精度

（1）加工精度的概念

用典型工件（如台阶轴的毛坯、半成品和成品）分别代表工件的低、中、高三种不同加工精度，用比较法讲解工件的加工精度，效果颇佳。

（2）获得规定尺寸精度的方法

教师通过举例讲解获得规定尺寸精度的方法，让学生了解试切法、定尺寸法、调整法和自动控制法。

2. 加工表面质量

（1）加工表面质量的概念

教师可用钻孔、车孔和磨孔后的典型工件（如衬套）分别代表工件的粗、中、细三种不同加工表面质量，用比较法讲解工件的加工表面质量。

（2）表面粗糙度

教师讲解表面粗糙度的概念，让学生明确其用途，并提醒学生可通过检索有关表面质量的国家标准，查阅关于表面粗糙度标注的知识。

（3）表面层材料的物理、力学性能

教师通过分析切削加工时表面层材料的物理、力学性能变化，讲解其对加工表面质量的影响。

第五章　钳　加　工

一、教学内容分析

本章共有五节内容。

第一节主要讲授了划线的相关内容，目的是让学生了解划线的概念、种类和作用，熟悉常用划线工具和涂料的应用，掌握划线基准的选择，能做好划线前的准备工作，能通过找正和借料补救工件的缺陷，能完成轴承座的立体划线。

第二节主要讲授了錾削、锯削和锉削的相关内容，目的是让学生了解錾削工具的结构和用途，掌握錾削角度、錾削操作方法和錾削时的注意事项，了解手锯的组成和锯条的规格，掌握锯削的操作要点，了解锉刀的结构、种类、规格和选用，掌握锉刀的握法、站立位置和锉削动作。

第三节主要讲授了钻孔、扩孔、锪孔和铰孔的相关内容，目的是让学生了解钻床的种类、结构和用途，掌握麻花钻的组成和几何角度，在钻削时能正确选择切削用量和钻孔方法，了解扩孔钻的结构及扩孔原理，掌握扩孔的特点及方法，了解锪孔的类型及加工方法，了解铰刀的结构、类型和制造精度，掌握铰削余量的确定和铰孔方法。

第四节主要讲授了攻螺纹和套螺纹的相关内容，目的是让学生了解丝锥的结构、种类、特点及应用，掌握底孔直径与孔深的确定，掌握攻螺纹方法，了解板牙的结构，掌握圆杆直径的确定和套螺纹的方法。

第五节主要讲授了刮削与研磨的相关内容，目的是让学生了解常用刮削工具的特点及应用，了解刮削接触精度的检查方法，掌握平面刮削方法及工艺，了解常用研具材料的特点及应用，了解常用研具的用途和研磨剂的组成，掌握研磨方法及工艺，掌握研磨时的注意事项。

通过本章的教学，使学生了解钳工常见的基本操作，并初步具备进行钳加工操作和编制钳加工工艺的能力。

二、教学建议

1. 在机械产品的生产制造过程中，钳工是不可缺少的工种之一。本章涉及钳工的多项操作，学生普遍缺乏对钳工的感性认识，因此，在教学实施过程中以如何培养学生的学习兴趣为出发点，最好在钳工实训现场进行教学。

2. 教学时要结合我国当前机械制造业的现状和发展方向，引导学生加深对钳工在机械制造业中重要地位的认识，激发学生学习的积极性和自觉性，并使学生明白，要注重和坚持理论联系实际，善于观察、勤于思考是学好知识的重要环节。

§5–1 划　线

一、教学目标

1. 了解划线的基本概念和作用。
2. 熟悉常用划线工具和涂料的应用。
3. 掌握划线基准的选择。
4. 了解划线前的准备工作。
5. 熟悉划线时的找正和借料方法。
6. 掌握轴承座的划线操作步骤和要点。

二、教学重点与难点

1. 教学重点

（1）划线基准的选择。

（2）划线时的找正和借料。

（3）划线实例。

2. 教学难点

（1）划线基准的选择。

（2）划线时的找正和借料。

三、教学设计与建议

1. 划线是钳工基本操作之一，工件在加工（单件小批量或试制）前，一般都需要进行划线。本节从划线的概念和作用、常用划线工具的使用、划线基准的选择、划线前的准备工作、划线时的找正和借料以及划线步骤等方面，按顺序对划线知识做了详细的介绍。其中，划线基准的选择、划线时的找正和借料以及划线实例是本节教学的重点。

2. 在讲解过程中，要注重运用实物演示（或视频）开展教学，要把划线工具的使用、划线基准的选择、找正与借料的方法通过展示图例、演示等方式讲透彻。同时，应注意结合生产中的实例，帮助学生加深对划线的认识。

（一）复习提问

教师引导学生复习上一章所学知识，并回答下列问题。

1. 什么是加工精度？工件的加工精度包括哪几个方面？

2. 工件获得规定尺寸精度的方法主要有哪几种？

3. 加工表面质量包括哪些内容？

（二）新课导入

教师向学生展示空白板料和完成划线操作的板料，组织学生讨论工件在钳加工前为什么要进行划线、划线有何作用等问题，引起学生对划线知识的探究欲望，引入新课。

（三）探究新知

1. 划线概述

教师利用学生在机械制图课中已掌握的绘图知识，结合教材图 5–1 说明平面划线和立体划线的定义。对划线的作用，教学时可只进行简要的论述性讲解，待本节教学结束，学生对划线有了较为理性的认识后，再进行深入讲解与总结。

2. 划线工具与涂料

教师利用多媒体课件展示常用的划线工具，使学生对常用划线工具有初步的认识，然后再结合图片讲解其用途。对于划线用的涂料，教师可先讲解涂料的作用，然后借助教材表 5–2 讲解常用划线涂料的配方及应用。

3. 划线基准的选择

教学时，应重点讲清基准的定义。基准就是“参照物”的意思，划线基准也就是划线时作为“参照”的点、线、面，它们是划线的起始位置。

划线基准的选择对学生来讲有一定的难度。教师在利用教材图例和挂图对划线基准的三种类型及选择给予详细讲解后，可安排学生对事先准备的一些较为典型的简单图例进行讨论和分析，以加深他们对划线基准选择的理解。

4. 划线前的准备工作

划线的质量将直接影响工件的加工质量，因此要做好划线前的准备工作。由于划线前的准备工作较多，教师可引导学生观看相关视频简单说出划线前的准备工作，之后教师做总结补充，以加深学生对划线前准备工作的理解。

5. 划线时的找正和借料

找正和借料的概念较为抽象，学生不易理解。教师可利用事先准备好的一些典型工件（有误差或缺陷）配合进行教学。该部分的重点是解决如何进行找正与借料的问题，应在让学生明确找正原则和借料步骤的基础上，详细分析讲解教材实例（教材图 5–2、教材图 5–3），让学生对划线时的找正与借料有一个总体的认识与了解。同时也要进一步强调，在实际生产中，找正与借料往往都是同时进行的。

6. 划线实例（轴承座立体划线）

该内容是本节的重中之重，在讲解划线工艺时教师可结合实训或多媒体视频进行讲授。教师可组织学生识读轴承座零件图样，讨论划线的步骤，然后教师再进行示范讲解，以培养学生分析与解决问题的能力。

§5–2 錾削、锯削与锉削

一、教学目标

1. 了解錾削工具的结构及用途。
2. 了解錾削角度的定义及作用。
3. 熟悉錾削操作方法及注意事项。
4. 了解锯削工具的结构及特点。
5. 掌握锯削操作要点。
6. 了解锉刀的结构、种类、规格及选用。
7. 掌握锉削方法。

二、教学重点与难点

1. 教学重点

（1）錾削。

（2）锯削。

（3）锉削。

2. 教学难点

（1）錾削操作方法。

（2）锯削的操作要点。

（3）锉削动作。

三、教学设计与建议

本节主要介绍了錾削、锯削、锉削所用工具或刀具的结构种类、正确选用方法以及操作特点等内容。内容的实践性很强，建议教师在教学过程中结合实物或图片，注重利用“肢体性语言、形象化动作”进行现场示范，以提高教学质量。

（一）复习提问

教师引导学生复习上一节所学知识，并回答下列问题。

1. 划线时应该如何选择划线基准？
2. 划线时进行找正应注意哪些事项？
3. 简述划线时借料的一般步骤。
4. 简述划线的步骤。

（二）新课导入

教师展示完成划线操作的板料，引导学生观察并讨论如何去除内部轮廓的多余板料，激发学生的求知欲，引入新课。

（三）探究新知

1. 錾削

目前，錾削工作主要用于不便于机械加工的场合，如清除毛坯上的多余金属、分割材料、錾削平面及沟槽等。教学时可到钳工实训车间进行现场教学，也可播放教学视频，充分利用实物及教材中的图片等辅助工具，重点分析讲述以下几点。

（1）錾削工具

教师展示錾子实物或通过多媒体图片讲解錾子的结构，并引导学生观察扁錾、尖錾、油槽錾，区分其结构的不同点，强调不同种类的錾子有不同的用途。由于锤子在日常生活中比较常见，教师可简单讲述锤子的组成及种类等。在讲解过程中可通过设疑、反问等方法，如“錾子头部的顶端和锤子的锤击面为什么略带球形？锤柄为什么用硬而不脆的木材制成？锤柄截面为什么是椭圆形且前端较细？”加强与学生的互动。

（2）錾削角度

錾削不同的材料时应选用不同的錾子楔角。在讲解錾子楔角的作用时，可以用生活中的实例来说明楔角对錾削的影响，帮助学生加深对楔角的理解。例如：菜刀刃口薄，楔角很小，非常锋利，但是强度低，用来切硬物时，刃口易崩损；斧头刃口厚，楔角大，虽不锋利，但强度高，能砍硬物。

教师结合教材图 5–14 并联系生产实际，讲解錾削时后角过大或过小对錾削的影响，并强调錾削时前角越大，切削越省力。

（3）錾削操作方法

教师可通过现场示范或播放錾削操作视频的方式，引导学生观看并初步总结錾削的操作方法，增强学生的直观理解。然后教师再结合教材图 5–15、图 5–16、图 5–17 和图 5–18 讲解錾子的握法、锤子的握法、錾削时站立位置和挥锤方法等錾削操作要点，让学生了解錾削操作方法。

（4）錾削时的注意事项

教师结合教材图 5–19、图 5–20、图 5–21，设置问题引导学生思考錾削的注意事项，并强调錾削时的安全防护问题。

2. 锯削

锯削的特点是操作方便、简单、灵活，主要用来锯掉工件上的多余部分、在工件上锯槽、分割材料或半成品等。锯削是一种粗加工，平面度一般可控制在 0.2 ~ 0.5 mm。教学时要讲清以下几点。

（1）手锯的组成

教师通过实物并结合教材图 5–24、图 5–25 讲解手锯的组成和锯条结构，让学生了解锯弓的种类和锯条的结构。

（2）锯条

教师通过课件和视频讲解锯条的规格和分齿的作用，让学生了解锯条的长度规格和粗细规格，了解锯条的分齿形式。

（3）锯削的操作要点

1）工件夹牢，姿势正确，锯齿朝前，不要装反，松紧适当，起锯正确，收锯稳妥，压力与速度适当，避免工件突然掉落，砸伤工作人员。

2）锯削操作中，在锯削材料、锯条质量相同的情况下，影响锯条寿命的因素主要是锯削速度。推锯速度快，锯条产生大量的摩擦热，锯齿磨损加剧。较理想的锯削速度一般在每分钟40次左右。在实际应用中，学生的锯削速度普遍过快，这一点应向学生讲明。

3）起锯与收锯是保证锯削质量的重要环节，要阐明正确起锯和收锯的重要性。

3. 锉削

（1）锉刀的结构

教师讲解时可先展示锉刀实物，结合教材中的图片讲解锉刀的组成，讲解锉齿的排列方式，让学生了解锉刀的结构和锉刀的齿纹。

（2）锉刀的种类、规格与选用

该部分的主要教学任务是让学生了解锉刀的种类、规格与选用，让学生能根据锉削要求正确选用锉刀。

1）锉刀粗细的选择，取决于工件的加工精度、加工余量、表面粗糙度和工件材料的性质。

2）锉刀断面形状的选择，取决于加工表面的形状，也就是断面形状要与加工表面形状相适应。

3）锉刀长度规格的选择，取决于工件加工表面的大小和加工余量的大小。加工表面与加工余量大时，宜选用较长的；反之，宜选用较短的。

（3）锉削方法

教师可通过现场示范或播放视频的方式，讲解锉削的正确操作姿势、动作及锉削速度。这些对锉削质量、锉削效率、锉刀寿命及锉削力的运用和发挥等都带来不同的影响。

§5–3　孔　加　工

一、教学目标

1．了解钻床的结构、种类和用途。

2．了解标准麻花钻的结构和各部分的作用。

3．熟悉麻花钻的几何角度要求及对切削性能的影响。

4．掌握钻削时切削用量的选择和钻孔方法。

5．了解扩孔刀具和锪孔刀具的结构、特点以及加工工艺和要求。

6．了解铰刀的种类、特点及应用。

7．掌握铰削余量的选择、铰孔方法和加工工艺。

二、教学重点与难点

1．教学重点

（1）钻孔。

（2）扩孔。

（3）锪孔。

（4）铰孔。

2．教学难点

（1）麻花钻的几何角度。

（2）钻孔方法。

（3）铰孔方法。

三、教学设计与建议

孔加工是钳加工常用的一项重要操作。本节主要介绍了孔加工刀具的结构特点及加工方法等基本知识。为增强学生的记忆和理解，讲解过程中，教师可通过现场示范或播放视频的方式，引导学生观看实际的孔加工操作，认识孔加工操作所使用的工具和设备，引导学生在问题分析透彻的基础上多做总结。

（一）复习提问

教师引导学生复习上一节所学知识，并回答下列问题。

1. 錾削时几何角度的选取原则有哪些?

2. 如何选择正确的起锯方法?

3. 简述锉削动作。

（二）新课导入

教师可通过现场示范或播放视频讲解钻孔概念和钻削运动，让学生了解钻孔的实际情况，由此引入新课。

（三）探究新知

1. 钻孔

（1）钻床

教师可通过钻床实物或图片讲解常用的三种钻床，并分析在钻床上完成的操作。通过视频引导学生分析钻削特点，让学生了解钻削所能达到的精度。

（2）麻花钻

标准麻花钻的结构及作用应结合实物或图片进行详细讲解。并讲授口诀（麻花钻似螺旋，切削部分有特点，上有五刃和六面，切削主刃来承担），帮助学生掌握麻花钻的结构。

（3）麻花钻的几何角度

标准麻花钻工作部分的切削刃是由两条螺旋槽构成的，其前面是螺旋面，后面是圆弧面。主切削刃和横刃上各点前角、后角大小不一致，在切削过程中，主切削刃和横刃上各点的切削性能也不同。因此，标准麻花钻的几何角度相对复杂，且由于定义抽象，学生的空间思维与想象力还比较弱，即使讲得较细致，大部分学生也难以理解其空间位置与相互关系，教学难度较大。为此，教学时建议：

1）讲解标准麻花钻的几何角度时，通过麻花钻实物结合教材图 5-44，重点介绍标准麻花钻五个主要角度（螺旋角 ω、顶角 2φ、前角 γ_o、后角 α_o、横刃斜角 ψ）的定义及作用，让学生了解各几何角度对切削性能的影响和相互关系，明确标准麻花钻各几何角度（特别是顶角 2φ、横刃斜角 ψ 和后角 α_o）的具体要求和判断方法。这是刃磨麻花钻必须掌握和控制的基本角度。

2）为便于学生进一步理解麻花钻的切削性能，可简单介绍一下标准麻花钻的缺点和刃磨要求以及麻花钻的改良。

（4）钻削时切削用量的选择

教师在讲解钻削切削用量的选择时，应先结合第四章所学知识明确钻孔切削用量的基本含义，在此基础上，结合生产实际展开分析，最后总结出钻削时切削用量的选择原则。

钻削时的切削用量包括切削速度（v_c）、进给量（f）和背吃刀量（a_p）。

1）切削速度是指切削刃选定点相对于工件主运动的瞬时速度，也就是钻孔时钻头上一点的线速度。在实际应用中可凭经验或查表将选取数值换算为钻床主轴转速 n。换算公式如下：

$$v_c = \frac{\pi d n}{1\,000}$$

式中 v_c——切削速度，m/min；

d——钻头直径，mm；

n——钻床主轴转速，r/min。

2）进给量是刀具在进给运动方向上相对工件的位移量，也就是钻孔时钻床主轴每转一周钻头沿主轴轴线方向的移动量。选用时可根据孔的尺寸精度、表面粗糙度要求以及钻头直径等因素进行综合考虑，合理选择。

3）背吃刀量是指刀具切入工件时，工件上已加工表面与待加工表面之间的垂直距离。钻孔时的背吃刀量为加工孔的半径，

即 $a_p=d/2$。

（5）钻孔方法

钻孔时首先进行划线，然后才能起钻，最后是手动进给钻孔。教师可通过现场示范或播放视频的方式，结合生产实例重点讲解钻孔和校正钻孔偏位的方法，以增强学生的理解。并强调，在钻头将要钻透工件时的进给力必须减小。

2. 扩孔

教师结合教材图 5–49，讲解扩孔钻的结构及扩孔原理，且在教学时可结合钻孔的知识，采用对比法讲解扩孔的特点和方法。重点让学生掌握以下两点。

（1）扩孔能达到的加工精度及应用场合。

（2）扩孔时底孔直径的确定及切削用量的选择。

3. 锪孔

教师在教学实施过程中，可先通过展示典型零件将锪孔的定义引出，并根据零件上各孔口的形状导入锪孔所需刀具（锪钻）及其分类，然后利用教材中的图片或多媒体视频详细分析锪钻类型及加工方法及要求。

4. 铰孔

铰孔是一种微量切削，是对孔进行精加工的常用方法，其尺寸精度可达 IT9 ~ IT7，表面粗糙度值可达 $Ra3.2 \sim 0.8\ \mu m$，是机械制造过程中非常重要的加工方法之一。教师在教学实施过程中应注重铰孔概念的导入，以激发学生的学习兴趣。讲解时可采用现场示范、播放铰孔视频、展示教材图片资料等方式，对铰孔的特点及应用展开分析和讲述。教学时，应以铰刀的种类和应用、铰削余量的选择及铰孔方法为主，并注意结合实物及图例讲清以下几点。

（1）铰刀

铰刀是精度较高的多刃刀具，它是保证孔加工精度的基础。教师讲解时应注意结合实物及图例讲清以下几点。

1）以常用整体式圆柱铰刀为例，详细分析铰刀的结构、特点及各部分的功用。

2）结合教材表 5–8，引导学生熟悉铰刀的基本类型，并利用对比法重点分析各类铰刀的特点及具体应用。

3）结合相关国家标准明确铰刀的制造精度以及影响铰孔质量的因素。

（2）铰削余量

铰削余量的大小直接影响铰孔质量，在分析其原因的基础上，还应明确选择时需要考虑的其他因素，如孔径大小、孔的形状、材料性质、尺寸精度、表面粗糙度要求、铰刀类型及加工工艺等。

（3）铰削时的冷却与润滑

铰削时切削液的合理选用是提高铰孔表面质量的有效手段，教师讲解时以教材表 5–10 为基础，结合生产实际进行讲述，明确煤油对铸铁材料会出现“缩孔”现象。

（4）铰孔方法

铰孔方法和工艺对实际操作有重要指导意义，教师可采用多媒体视频直观教学法，结合生产实际展开分析和讲解。

§5–4 螺纹加工

一、教学目标

1．了解丝锥、板牙的结构及应用。

2．掌握攻螺纹前底孔直径与孔深的确定方法。

3．掌握攻螺纹的工艺方法。

4．掌握套螺纹前圆杆直径的确定方法。

5．掌握套螺纹的工艺方法。

二、教学重点与难点

1. 教学重点

（1）攻螺纹。

（2）套螺纹。

2. 教学难点

（1）攻螺纹前底孔直径与孔深的确定方法。

（2）套螺纹前圆杆直径的确定方法。

三、教学设计与建议

螺纹加工是钳工常用的一项重要操作。本节主要介绍了螺纹加工刀具的结构特点及加工方法等基本知识。为增强学生的记忆和理解，在问题分析透彻的基础上，要引导学生多做总结。

（一）复习提问

教师引导学生复习上一节所学知识，并回答下列问题。

1. 什么是钻孔？如何选择钻削时的切削用量？
2. 麻花钻的主要几何角度有哪些？
3. 什么是扩孔？
4. 什么是锪孔？
5. 什么是铰孔？

（二）新课导入

教师在教学实施过程中可通过学生非常熟悉的机械零件或生活用品，引出攻螺纹和套螺纹的概念，引入新课。

（三）探究新知

1. 攻螺纹

（1）攻螺纹工具

讲解时可先展示实物，让学生对丝锥、铰杠有初步的认识，然后利用教材图 5–53 详细分析丝锥的基本结构及各部分的功用。在此基础上利用对比法，结合教材表 5–11 讲解丝锥的种类、特点及应用，并明确以下几点。

1）手用丝锥与机用丝锥的区别。

2）成组丝锥中初锥、中锥、底锥（或头锥、二锥、精锥）的区别。

3）等径丝锥与不等径丝锥的差异。

（2）底孔直径与孔深的确定

攻螺纹前底孔直径和孔深的确定，是学生必须掌握的理论基础知识。讲解时教师要强调不同的加工材料，其对应的底孔直径计算公式不同。可结合教材图 5–55 讲解如何确定螺纹底孔深度。在讲清为什么要控制这两项参数的基础上，结合适当的例题详细讲解计算公式的具体应用，以培养学生解决实际问题的能力。

（3）攻螺纹方法

螺纹攻制要点及加工工艺对实际操作有重要指导意义，可采用多媒体视频直观教学法，结合操作步骤展开分析和讲述，以加深学生的理解和认识。

2. 套螺纹

套螺纹的理论基础知识较为简单，教学时可参照攻螺纹的教学方法对比进行讲解。

（1）套螺纹工具

教师可展示板牙和板牙架的实物，利用实物辅助讲解套螺纹工具的结构、使用方法，可增强学生的直观理解。

（2）圆杆直径的确定

与攻螺纹前参数计算公式不同，套螺纹前圆杆直径一般按照一个公式进行计算，教师在讲解后可利用练习题增强学生对公式的理解和数值计算能力。

（3）套螺纹的方法

教师讲解套螺纹的操作方法时，可进行现场示范或播放套螺纹操作视频，并通过设置问题的方式，帮助学生理解并掌握所学知识。设置问题如下。

1）套螺纹前为什么将圆杆顶端倒角？

2）当切入 1～2 圈后是否需要向下施加压力？

3）在套螺纹过程中，为什么要经常反转 1/4 圈？

§5–5 刮削与研磨

一、教学目标

1. 了解刮削的定义及作用。
2. 了解常用刮削工具的特点及应用。
3. 掌握刮削接触精度的检查方法。
4. 掌握平面刮削方法及工艺。
5. 了解研磨的特点及应用。
6. 了解研具的材料和常用研具的特点。
7. 掌握研磨方法、工艺及注意事项。

二、教学重点与难点

1. 教学重点

（1）刮削。

（2）研磨。

2. 教学难点

（1）平面刮削方法及工艺。

（2）研磨方法及工艺。

三、教学设计与建议

1. 刮削是一种古老的精加工方法，是当前机器不能代替的一项操作。教学中以“刮削的特点→刮削所需的工具→刮削接触精度的检查→平面刮削方法及工艺”为主线进行分析讲解。

2. 研磨也是一种精密加工方法，在讲解时可借助学生熟悉的千分尺、量块等精密量具的测量面引出该加工方法。通过对研磨概念的讲述，让学生了解常用的研具、研磨剂、研磨方法及工艺和研磨注意事项。

3. 在讲解刮削与研磨的内容时，教师应尽量联系实际，如教学条件允许，可安排学生进行必要的练习，也可带领学生参观工厂生产进行学习。

（一）复习提问

教师引导学生复习上一节所学知识，并回答下列问题。

1. 如何确定攻螺纹前底孔的直径和深度?

2. 如何确定套螺纹前圆杆直径?

（二）新课导入

教师通过播放工厂生产中关于刮削的操作视频的方式，引导学生讨论刮削的概念及作用，之后教师做总结点评，并由此引入新课。

（三）探究新知

1. 刮削

在分析透刮削特点的基础上，让学生明确刮削在机械制造与修理以及工具、量具制造中所占有的地位和其具体应用，如精密机床导轨、划线或测量用的精密平板等。

（1）刮削工具

刮削工具主要包括刮刀、研具和显示剂。教师讲解时可通过展示实物或图片的方式，让学生了解常用刮削工具的特点及应用，并及时解决学生可能存在的疑惑，如标准平板是如何刮出来的?

（2）刮削接触精度的检查

刮削精度主要指的是接触精度，教师在讲清楚检测方法的基础上，应明确检查结果是在该刮削面的任意位置测得的，并结合教材表 5–13，简要介绍平面接触精度研点数的具体要求。

（3）平面刮削方法及工艺

刮削时一般按粗刮、细刮、精刮和刮花的步骤进行，为增强教学效果，教师可结合教材表 5–13 中的图片讲述刮削的方法及工艺要求，使学生明确平面刮削的步骤、方法、要求等内容。

2. 研磨

（1）研具

在研磨加工中，研具是保证工件几何精度的重要因素。因此，教学实施过程中应首先明确研具材料的基本要求。在学生充分理解各种研具材料特性的基础上，再通过图片或视频引导学生熟悉常用研具的结构、特点及适用场合。

（2）研磨剂

研磨剂是指用于研磨，由磨料、分散剂和辅助材料制成的混合剂。教师讲解时，在明确各组成所起作用的前提下，重点突出磨料的分类及常用磨料的应用。

（3）研磨方法及工艺

研磨方法及工艺的制定，对提高研磨效率、工件表面质量和研具寿命有直接的影响。研磨可分为平面研磨、圆柱面研磨和圆锥面研磨。教师讲解时应结合教材中的图片或多媒体视频详细分析各类零件的研磨方法及工艺操作要点。

（4）研磨时的注意事项

教师可通过典型案例的分析，引导学生初步总结研磨的注意事项，再系统讲解具体的注意事项。

第六章　车　　削

一、教学内容分析

本章共有三节内容。

第一节主要讲授了卧式车床、其他车床以及车床的加工范围和车削的工艺特点，目的是让学生了解 CA6140 型卧式车床的结构、应用及车削运动，了解其他车床的结构及特点，掌握车床的主要加工内容及车削特点。

第二节主要讲授了车床通用夹具、车刀、工件在车床上的常用装夹方法，目的是让学生了解车床各种工艺装备的结构及用途。

第三节主要讲授了车外圆、端面和槽的工艺方法，车圆锥的工艺方法，车成形面的工艺方法，车螺纹的工艺方法，车孔的工艺方法，目的是让学生了解车不同加工轮廓时的工艺方法。

通过本章的教学，使学生了解车床主要部件及功用、车床工艺装备的用途和各种轮廓的车削工艺方法，并初步具备车削加工操作和编制车削工艺的能力。

二、教学建议

1. 授课前教师让学生观察车削的工件，不难看出，车削出的工件都是回转体类工件，从而很容易引导学生了解车削运动，但要进一步了解车削，就要更深入地了解车床的结构和传动关系，而车床中应用最广泛、最常见的便是卧式车床。因此，教师可引导学生到现场观看卧式车床的车削过程，帮助学生理解车床的结构和传动关系。

2．教师通过视频讲解各种表面的车削工艺方法，使学生了解车削各种常用表面所用的夹具、刀具、装夹方法和刀具进给路线，使学生对车削有更深入的了解。

§6–1 车　床

一、教学目标

1．了解 CA6140 型卧式车床主要部件及其功用。
2．掌握 CA6140 型卧式车床的车削运动。
3．了解立式车床、自动车床和落地车床的结构和用途。
4．了解车床的加工范围和车削的工艺特点。

二、教学重点与难点

1．教学重点

（1）卧式车床。
（2）其他车床。
（3）车床的加工范围和车削的工艺特点。

2．教学难点

车削运动。

三、教学设计与建议

车床是一种主运动为连续、均匀的回转运动，进给运动主要是通过刀具沿工件回转轴线做轴向移动以及垂直于工件回转轴线做径向移动的机床。由于运动形式比较简单，车床的结构并不复杂，因为整台车床的结构正是为了满足其基本切削运动而设置的，所以，在认识车床的教学中可以围绕卧式车床的运动关系来进行。讲清楚主轴箱、进给箱和溜板箱三者间的运动传递关系，讲清楚刀具的夹持及进给方式，再围绕这些运动介绍其传动路径和传动过程。若有条件，在讲解过程中最好结合现场的操作演示，以获得直观的教学效果。

（一）复习提问

教师引导学生复习上一章所学知识，并回答下列问题。

1. 平面刮削的步骤分为哪几步？

2. 平面研磨分为哪几种？分别应如何进行研磨？

3. 研磨时应注意哪些事项？

（二）新课导入

教师通过多媒体课件展示几组不同车床照片，引导学生观察不同车床的结构特点，通过提出简单的问题，强调车床的种类很多，可分为卧式车床、立式车床等类型，由此引入新课。

（三）探究新知

1. 卧式车床

（1）CA6140 型卧式车床

通过现场教学或多媒体课件讲解常用的车床类型，让学生了解 CA6140 型卧式车床的结构、主要部件的名称以及该机床的性能特点，教师可通过提问的方式让学生说出车床部件的名称。

（2）CA6140 型卧式车床主要部件及其功用

1）教师可将学生进行分组，分组后将学生带到空置的 CA6140 型卧式车床前，提问各部件名称并请学生一一指认，无误后教师再进行现场的演示讲解，加深学生对车床及其主要部件的认识。

2）从讲解“卧式车床主要组成部分的名称和用途”开始，就要为讲解后面的“车削运动”等内容做好铺垫。

3）在介绍车床主要组成部分时不要按教材中的序号，而要大致按卧式车床传动路线中的组成顺序来介绍。

4）断开机床电源，让学生自由接触并感知车床。

（3）车削运动

车削运动要由车床传动路线的内容中引出。讲解车床的传动路线时仍要结合卧式车床主要组成部分的内容进行。具体方法如下。

1）先总述卧式车床的主要组成部分。

2）再讲述卧式车床的结构简图。

3）最后自然地过渡到车床的传动路线。

2. 其他车床

教师可对比卧式车床的结构特点，通过多媒体课件展示立式车床、自动车床和落地车床的结构照片，讲解其结构特点，并介绍其用途。

3. 车床的加工范围和车削的工艺特点

（1）车床的加工范围

教材表 6–1 列出了车外圆、车端面、钻中心孔、钻孔、铰孔、车孔、车圆锥、车槽、车成形面、滚花、车螺纹、攻螺纹等车削加工内容。

教师结合教材的图例进行讲解，让学生对不同加工方法有大致的了解，对各种加工方法所用的装夹方法、使用的刀具、切削用量的选择等做必要的介绍。

（2）车削的工艺特点

找一些典型的加工零件，与学生一起讨论分析哪些表面可由车削完成，哪些表面无法由车削完成，以便使学生对车削的特点和内容产生更加直观、具体的认识，从而进一步激发学生的学习兴趣。

车削是工件旋转做主运动、车刀移动做进给运动的切削加工方法。结合车削加工视频，对比钻削、铣削等比较常见的切削加工，讲解车削加工的特点。

1）主运动是连续、均匀的回转运动，除粗加工因毛坯余量不均匀引起切削层横截面积变化以及由于工件本身结构特征导致非连续切削外，车削基本为等切削横截面的连续切削，切削力变化很小，切削过程连续、稳定，具备进行高速切削和强力切削的重要条件。

2）车削所用刀具大多为单刃刀具，其结构简单，制造、刃磨和装拆均较为方便，可以根据具体要求选用合理的几何形状，这有利于保证加工质量，提高生产效率和降低加工成本。

3）精细加工不适合磨削的有色金属工件时，用金刚石车刀精细车削其外圆，尺寸精度可达 IT6 ~ IT5，表面粗糙度值可达 *Ra*0.4 ~ 0.05 μm。

4）车削的适应性广，除可加工各种内外回转表面、端面槽、成形面外，还可进行异形工件（偏心或不规则外形等结构复杂的工件）的车削和滚压加工等。

§6–2　车床的工艺装备

一、教学目标

1. 了解常见车床通用夹具的结构和应用场合。
2. 了解常用车刀的种类、形状及用途。
3. 了解工件在车床上的常用装夹方法。

二、教学重点与难点

1. 教学重点

（1）车床通用夹具。

（2）车刀。

（3）工件在车床上的常用装夹方法。

2. 教学难点

工件在车床上的常用装夹方法。

三、教学设计与建议

在讲解本节内容时，教师使用实物、多媒体课件、图表、视频等形式，讲解车床工艺装备的种类、作用及使用方法，提高学生对车床工艺装备的认识。

（一）复习提问

教师引导学生复习上一节所学知识，并回答下列问题。

1. 简述 CA6140 型卧式车床的主运动和进给运动。

2. 车床可加工哪些内容？

（二）新课导入

教师可向学生展示常用车床通用夹具和车刀的实物或图片，让学生观察不同夹具和车刀的外形特点，引起学生的学习兴趣，并讲述夹具和车刀属于车床的工艺装备，引出车床的工艺装备这一概念。

（三）探究新知

1. 车床通用夹具

车床通用夹具一般作为车床附件供应，且已经标准化。常见的车床通用夹具有卡盘、花盘、顶尖、拨盘和鸡心夹头、中心架与跟刀架等。

讲解车床通用夹具时，建议教师运用多媒体教学手段，或者带领学生到实训车间，了解这些通用夹具的结构特点、应用场合。对不同夹具的细分情况做进一步的介绍，如卡盘有三爪、四爪之分，其结构、应用又各有特点，顶尖有前顶尖、后顶尖之分等。

2. 车刀

（1）常用车刀

不要单纯讲解常用车刀的种类，要结合车刀的用途进行讲解。车刀为单刃刀具，种类较多，随车削时加工表面及位置不同，常用车刀的种类及用途如下。

1）偏刀分为右偏刀和左偏刀，主偏角 κ_r 常取 90°～93°。

2）外圆车刀主要用于车削外圆，主偏角 κ_r 常取 60°～75°。

3）45° 车刀分为右弯头车刀和左弯头车刀，主偏角 κ_r 常取 45°。

4）切断用的车刀称为切断刀，车槽用的车刀称为车槽刀。车矩形外槽的直形车槽刀与切断刀的几何形状相似，有时可以通用。

5）内孔车刀用于以车削方法扩大工件的孔或加工空心工件的内表面，分为通孔车刀和盲孔车刀。车削通孔时，主偏角 κ_r 常取 60°～75°；车削盲孔或阶梯孔时，主偏角大于 90°，一般取 92°～95°。

6）成形车刀可以车削工件的圆弧面或成形面。

7）螺纹车刀的刀尖角 ε_r 与螺纹的牙型角 α 相等。

（2）机夹车刀

通过讲解常用焊接式车刀的缺点，引出机夹车刀。机夹车刀种类繁多、结构复杂，可结合教材表 6-2 对照讲解，其余不做过高要求。机夹车刀的硬质合金刀片用机械夹固方式紧固在刀柄上，当切削刃磨钝后，可以方便地转换另一切削刃或更换刀片，装拆方便。车刀刀柄的截面形状有圆形、正方形和矩形等，车刀刀柄截面尺寸通常按机床中心高、刀架形状及切削横截面尺寸等选取。

3. 工件在车床上的常用装夹方法

教材介绍了六种常用的装夹方法。不同的装夹方法适用于不同的零件、不同的场合。其中卡盘装夹、两顶尖及鸡心夹头装夹、一夹一顶、心轴装夹多用于较规则轴类零件的加工；中心架、跟刀架辅助装夹多用于较长轴类零件的加工；花盘、角铁装夹用于工件形状不规则、用其他方法不便装夹的场合。

§6-3 车削工艺方法

一、教学目标

1. 掌握外圆、端面、槽的车削方法。

2. 了解圆锥的组成，了解圆锥的车削方法。

3. 了解成形面的车削方法。

4. 熟悉螺纹车刀的角度，掌握螺纹车刀的装夹方法和螺纹的车削方法。

5. 了解内孔车刀的种类，掌握车孔的关键技术和方法。

二、教学重点与难点

1. 教学重点

（1）车外圆、端面和槽。

（2）车圆锥。

（3）车成形面。

（4）车螺纹。

（5）车孔。

2. 教学难点

（1）车圆锥。

（2）车成形面。

（3）车螺纹。

（4）车孔的工艺方法。

三、教学设计与建议

为了便于教学并让学生掌握最基本、最典型零件的加工，教师可选择车削常见典型零件作为情境教学的载体，以实现情境教学的目标。

（一）复习提问

教师引导学生复习上一节所学知识，并回答下列问题。

1．三爪卡盘和四爪卡盘的特点及应用分别有哪些？

2．90° 车刀、75° 车刀和 45° 车刀分别用于加工哪些零件表面？

3．采用卡盘装夹工件时应注意哪些事项？

（二）新课导入

教师可向学生展示台阶轴等简单的零件，根据上一节学习的车刀相关知识，询问学生应采用哪种车刀、夹具等工艺装备加工台阶轴，引入新课。

（三）探究新知

1．车外圆、端面和槽

（1）车外圆

外圆柱表面在机械零件中用的很多，车削是主要的加工方法。教材中对车削外圆柱表面的介绍比较详细，各车削步骤的目的、常用的刀具和夹具、切削用量、加工精度等内容都有体现。教学中为了将这些内容讲解清楚，教师可通过现场示范或播放外圆车削视频的方式进行讲解，使学生对车削外圆柱表面有比较系统的了解和认识就可以了，更高的要求应随着教学的深入逐步进行。在这个过程中，注意对相关知识点的释疑解惑。

（2）车端面

对比外圆车削讲解端面车刀的选用、端面车刀的进给路线和端面的车削要点。并重点强调，车端面时，刀尖必须保证与工件轴线等高，否则，端面中心会留下凸起的剩余材料。

（3）车槽

教师可通过现场示范或播放视频的方式，详细讲解矩形槽、宽矩形槽、圆弧形槽、V 形槽的车削方法。车槽时的进给量应根据刀刃宽度和工件刚度适当选择，以不产生振动为宜。

2. 车圆锥

在车床上车削圆锥时刀尖与工件轴线必须等高，刀尖在进给运动中的轨迹是一直线，且该直线与工件轴线的夹角等于圆锥半角 $\alpha/2$。这一要求要从原理上讲解清楚，使学生知道达不到这一要求所产生的后果。

在车床上车削外圆锥的方法主要有四种：宽刃刀车削法、转动小滑板法、偏移尾座法、仿形（靠模）法。这四种方法的适用场合、加工特点、车削方法是需讲解的重点内容。教师可结合教材图 6–27、图 6–28、图 6–29、图 6–30 讲解具体的四种车削外圆锥的方法。

3. 车成形面

教师可通过教材图 6–31 讲解成形面的概念，并讲解常见的成形面类型。

成形面的车削方法主要有双手控制法、成形法和仿形法。在讲解时要让学生了解不同的成形面车削方法适用于不同要求的工件加工。

4. 车螺纹

螺纹种类较多，螺纹车削以三角螺纹为例进行介绍。螺纹的加工方法很多，其中用车削的方法加工螺纹是最常用的方法之一。

（1）螺纹车刀

螺纹车削时用的车刀是螺纹车刀，有内、外螺纹车刀之分。认识螺纹车刀的几何角度，了解车削运动对螺纹车刀角度的影响，正确选择车削螺纹时的切削用量是需要讲解的重点内容。

教师对螺纹车刀几何角度的教学可结合车刀实物或模型进行，在学生对外圆车刀有所了解的基础上，注意讲解螺纹车刀的结构特点以及内、外螺纹车刀的不同。

车削运动对螺纹车刀几何角度的影响是一个难点，应考虑用多媒体手段进行讲解，让学生通过直观的视频领悟原理，加深对这一问题的理解。如果一时难以达到预期的教学目的，可利用车削螺纹实训引导学生做进一步的学习。

（2）螺纹车刀的装夹

对于螺纹车刀的装夹，教师可进行现场教学，让学生了解螺纹车刀刀尖与车床主轴轴线不等高或者螺纹车刀两刀尖半角的对称中心线与工件轴线不垂直的后果，让学生了解螺纹车刀正确装夹的重要性。

（3）螺距或导程的调整

车削螺纹必须保证工件每回转一周，车刀沿轴向移动一个螺距 P 或导程 P_h。在实际生产中，经常加工不同螺距或导程的螺纹，需要学生了解螺距或导程的调整，调整不当将会使车削的螺纹不符合加工要求。教师通过现场教学示范讲解螺距或导程的调整。

调整时，应根据螺距或导程的大小，查看车床进给箱上的铭牌，确定交换齿轮箱内交换齿轮的齿数，并按此要求挂好各齿轮，然后调整进给箱上各手柄到规定位置。

（4）车削方法

常采用的螺纹车削方法有提开合螺母法和开倒顺车法两种。教师通过现场示范讲解，让学生了解这两种车削方法的具体操作步骤。

螺纹的车削按照切削速度又分为高速车削和低速车削，两种车削用的车刀材料、切削用量、适用场合、操作注意事项等有所不同。特别需要注意的是高速车削螺纹时，应强调安全文明操作，避免发生人身安全及设备事故。

5. 车孔

（1）内孔车刀的种类

内孔车刀分为通孔车刀和盲孔车刀，教师应从两者的区别进行说明，让学生了解通孔车刀的几何角度，并重点讲解主要的几何角度，如主偏角、副偏角。盲孔车刀主偏角的作用和选择需要加以强调。

（2）车孔的关键技术

孔的车削中，有两个关键技术问题需要特别注意：一是刀杆的刚度，二是排屑问题。建议教师采用多媒体视频，让学生观看孔的车削情况，然后对这两个关键技术问题进行讲解。进而将如何增强刀杆刚度、改善车削状况、顺利实现排屑控制等问题加以讲解。选择内孔车刀实物或模型，在课堂现场进行演示讲解，直观性强，教学效果较好。

（3）车孔方法

车孔方法基本上与车外圆方法相同，只是进刀与退刀的方向相反。但由于车孔时，车刀的运行情况不便观察，切削液很难冲到刀尖上，加上内孔车刀的刚度低，所以内孔车削与外圆车削相比要困难得多。教师从内孔车刀的安装、切削用量、操作要领等方面详细讲解，让学生真正了解内孔的车削方法。

第七章 铣削与镗削

一、教学内容分析

本章共有两节内容。

第一节主要讲授了铣床、铣床的加工范围和铣削加工的特点、铣床的工艺装备等相关内容，目的是让学生了解常用铣床的结构及用途，了解铣床的加工范围和铣削加工的特点，了解铣床常用工艺装备，了解铣削用量、铣削方式的选择，掌握常用轮廓的铣削加工方法。

第二节主要讲授了镗床、镗削的加工范围、镗刀等相关内容，目的是让学生了解坐标镗床与卧式铣镗床的结构和用途，了解镗削的加工范围，了解单刃镗刀和双刃镗刀的结构及用途，了解镗削的加工方法和特点。

通过本章的教学，使学生了解铣床与镗床的结构和加工范围，了解铣床和镗床的常用工艺装备，了解铣削和镗削的加工方法，并初步具备编制铣削和镗削工艺的能力。

二、教学建议

1. 通过现场参观，学生对铣床和镗床只有初步的印象。要让学生真正认识铣床和镗床，教师不但要借助幻灯片、视频等进行讲解，还要通过现场教学来讲解典型铣床和镗床的结构，让学生了解和认识铣床和镗床各部位的名称及作用，了解各个手柄的功能。在学生对铣床和镗床结构有基本了解的基础上，再讲解铣床和镗床的传动路线，然后结合图片讲解铣床和镗床的主要工作内容和加工特点，讲清楚常用的铣刀和镗刀及其用途，介绍铣床和镗床常用工具及附件的用途和用法，最后通过铣削、镗削加工方法和特点的介绍对本章内容进行小结。

2．通过本章的学习，学生了解铣床和镗床的加工原理、加工范围以及其在加工中的重要作用，从而为学习编制机械加工工艺打下坚实的基础。在教学过程中，教师可采用多元化的教学方法，如讲授法、案例分析法等，根据不同的教学内容和学生特点，选择合适的教学方法，激发学生的学习兴趣，提高学习效果。

§7–1 铣 削

一、教学目标

1．了解典型铣床的结构和用途。

2．了解铣床的加工范围和铣削加工的特点。

3．了解铣床常用的夹具、刀具、工具等工艺装备的结构及用途。

4．了解铣削用量和铣削方式的选择。

5．了解常用轮廓的铣削方法。

二、教学重点与难点

1．教学重点

（1）铣床。

（2）铣床的加工范围和铣削加工的特点。

（3）铣床的工艺装备。

（4）铣削加工。

2. 教学难点

（1）铣削用量与选择。

（2）铣削方式。

三、教学设计与建议

铣床组成、铣床附件及各种铣削方法应尽可能结合现场参观或借助课件、视频等进行教学，增加学生的感性认识。

（一）复习提问

教师引导学生复习上一章所学知识，并回答下列问题。

1. 常用的外圆车刀有哪几种？
2. 车端面时应注意哪些问题？
3. 如何选择车槽时的切削速度与进给量？
4. 车圆锥必须满足的条件有哪些？

（二）新课导入

通过引导学生回顾在参观机械加工车间时铣床所加工零件的情况或观察教师展示的铣削零件，比较铣削出的零件与车削出的零件的不同之处，从而引出铣削的概念。再引导学生通过铣床图片认识常用的铣床，由此引入新课。

（三）探究新知

1. 铣床

由于铣床的种类很多，建议教师授课前最好准备一些有关铣床的课件或视频，让学生对铣床有比较全面、具体的认知，然后通过现场教学对铣床结构进行比较详细的讲解。讲解时由下至上介绍卧式升降台铣床、立式升降台铣床和龙门铣床的主要结构和作用。若是现场教学，讲解时最好结合相应的操作演示。

2. 铣床的加工范围和铣削加工的特点

铣床的工作内容非常丰富，对照图示讲清楚各主要加工内容的工作实质，分析、讲解刀具和工件间的运动关系，再结合这些加工内容总结铣削的特点。

在各种金属切削加工方法中，铣削的应用仅次于车削，是加工平面的主要方法之一。铣削加工在平面、槽、台阶及各种特形曲面的加工中有着其他加工方法无法比拟的优势，在模具制造行业中占有非常重要的地位。

教学时，可与学生进行讲座式交流。在工厂中流传着这样一种说法："伟大的车工，万能的钳工，难不住的铣工。"这句话形象地说明了车、钳、铣三大切削工种的职业特点。通常情况下，机械零件中以回转体零件占绝大多数，所以车削承担着金属切削加工任务总量的60%~80%，所以"伟大的车工"这一说法确实恰如其分；而"万能的钳工"自不必说，当今所有先进加工方法都是从最原始的手工制作一步一步发展而来的，即使到了科学技术快速发展的今天，许多通过手工完成的操作，如刮研等，仍无法被机械加工所取代；至于"难不住的铣工"，主要是因为铣刀的种类繁多，进给方式灵活，特别是随着数控技术的快速发展，铣削加工在机械加工中的作用变得越来越重要。

教师可以展开分析教材中关于铣削的主要特点。

（1）铣刀是一种多刃刀具，铣削时，同时有几个刀齿进行切削，能采用较大的进给量和较高的切削速度。因此，铣削的生产效率较高。

（2）铣削时，切削过程虽然是连续的，但铣刀每个刀齿的切削是断续的。铣刀刀齿的断续切入和切离工件时对工件造成的冲击，会引起工艺系统在加工过程中的振动。

（3）铣削时，多个刀齿同时参与切削，在各刀齿切入和切离工件的瞬间，参与切削的刀齿数目有变化，从而引起切削力的周期性变化。

（4）铣削时的切削厚度是变化的，因此切削力也会发生变化。

由于铣削的上述特点，铣削主要用于粗加工和半精加工以及有色金属材料的精加工。

3. 铣床的工艺装备

（1）铣床常用的夹具和工具

对于铣床常用的工具，教师以介绍万能分度头、万能铣头的结构和用途为主。对于其他工具，只做简单介绍即可。

（2）铣刀

铣刀是一种多齿刀具，尽管铣刀的种类很多，但学生在前面几章中已经对车刀的种类和结构有了非常具体的了解，而铣刀的每一个刀齿实质上就是一把变形的车刀。可以把铣刀看作是多把车刀围绕某一旋转轴线，按一定规律排列的结果。所以，在讲授铣刀及其应用前，建议先通过提问的方式复习车刀的种类及其应用。在此基础上再利用多媒体课件，讲解不同用途铣刀的结构特点和切削形式。

4. 铣削加工

（1）铣削用量与选择

教师可强调以下几点。

1）应注意背吃刀量 a_p 不能简单地像车削、刨削那样用“背吃刀量一般是指工件已加工表面和待加工表面间的垂直距离”来判定。

2）铣削时，由于采用的铣削方法和使用的铣刀不同，铣削宽度 a_e 与背吃刀量 a_p 的表示方法也不同，必须按定义来确定。

3）教材图 7–4 表示了周铣与端铣时 a_e 和 a_p 的具体位置。由图中不难看出，无论是采用周铣还是端铣，铣削宽度 a_e 均表示铣削弧深。因为无论是用圆柱形铣刀进行周铣，还是用面铣刀进行端铣，其铣削弧深方向都垂直于铣刀轴线。

4）教师可对进给量进行归纳。铣削中的进给量根据具体应用情况的需要，有三种不同的表达和度量方法：每转进给量 f，单位为 mm/r；每齿进给量 f_z，单位为 mm/z；进给速度 v_f，又称每分钟进给量，单位为 mm/min。

（2）铣削方式

1）周铣和端铣。教师通过视频、动画或图片详细讲解周铣、端铣与混合铣的概念和特点，让学生了解哪些加工采用周铣，哪些加工采用端铣，哪些加工采用混合铣。

2）顺铣和逆铣。根据铣刀切削部位产生的切削力与进给方向的关系，周铣有顺铣和逆铣两种方式。教师通过视频、动画或图片讲解顺铣与逆铣的概念、特点以及应用，让学生了解顺铣与逆铣的用途。

3）对称铣削和不对称铣削。端铣有对称铣削、不对称顺铣、不对称逆铣三种方式。教师通过视频、动画或图片讲解对称铣削、不对称顺铣、不对称逆铣三种方式的概念、特点，让学生了解三种铣削方式的用途。

（3）铣削加工方法

1）教师应尽可能结合现场实习、参观或视频来组织教学。

2）在连接面的铣削中垂直面的铣削是最关键的步骤。因为首先铣出的垂直面将与原基准面一起在后续连接面的加工中起定位基准的作用，所以只有铣削精准的垂直面才能保证其他连接面铣削时的几何公差。建议在教学中不但要讲清楚加工中影响垂直度的因素，还要让学生更多地了解相应的解决方法。

3）铣不同的面时，要采取不同的铣床和加工方法，教师讲解时结合教材中的图片或利用多媒体视频讲解不同面的铣削加工方法，主要包括以下加工方法：铣平面、铣垂直面、铣倾斜面、组合铣削、铣槽、铣曲线轮廓和成形表面、铣齿轮。

§7-2 镗　削

一、教学目标

1. 了解坐标镗床和卧式铣镗床的特点及用途。

2．了解镗削的加工范围。

3．了解单刃镗刀和双刃镗刀的结构及特点。

4．了解镗削的加工方法及特点。

二、教学重点与难点

1．教学重点

（1）镗床。

（2）镗削的加工范围。

（3）镗削加工。

2．教学难点

镗削加工方法。

三、教学设计与建议

镗床组成、镗床附件及各种镗削方法应尽可能结合现场参观进行教学。

（一）复习提问

教师引导学生复习上一节所学知识，并回答下列问题。

1．铣削用量包括哪些要素？如何选择铣削用量？

2．周铣、端铣和混合铣的特点分别是什么？

（二）新课导入

教师展示镗削的零件，引导学生思考应采用哪种机床进行加工，从而引出镗床的概念，引入新课。

（三）探究新知

1．镗床

镗床是用来进行扩孔，特别是实现孔系加工的重要设备。本节主要学习坐标镗床和卧式铣镗床。在介绍坐标镗床时，教师可通过视频教学的方式补充介绍坐标镗床的结构和运动特点，再介绍坐标镗床的加工特点，以便于学生的理解和掌握。

对于卧式铣镗床，可采取相同的教学方法进行讲解。

2. 镗削的加工范围

镗削主要用于加工箱体、支架和机座等工件上的圆柱孔、螺纹孔、孔内沟槽和端面，当采用特殊附件时，也可加工内外球面、锥孔等。教师可结合教材表 7–8 讲解每种镗削加工方法的刀具装夹情况、主运动和进给运动等内容。

3. 镗刀

对于镗刀种类和应用的教学，教师也可结合镗削过程视频资料加以介绍。

（1）单刃镗刀

单刃镗刀只有一个主切削刃，刚度较低，但它的结构简单，制造方便，通用性大。一般适用于加工通孔和盲孔，对于加工孔内环形槽或空刀槽更具有优势。

（2）双刃镗刀

双刃镗刀结构较为复杂，制造比较困难，一般适用于生产批量较大的、精度较高的孔的加工。教师可结合教材图 7–24 讲解双刃镗刀的类型及其特点。

4. 镗削加工

（1）镗削加工方法

讲解时教师应说清镗削加工方法的分类依据，按照镗杆上切削力作用点的位置，镗削加工方法可分为悬臂镗削法和双支承镗削法。结合教材图 7–25 讲解悬臂镗削法的四种不同形式及特点。结合教材图 7–26 讲解双支承镗削法的特点、应用及切削时刀具的安装位置。

（2）镗削加工的特点

镗削主要是镗孔，讲解镗削及镗孔的加工特点时，可以与车削、铣削的加工特点进行比较，通过对比让学生明确镗削的特点。

第八章　磨　　削

一、教学内容分析

本章共有三节内容。

第一节主要讲授了磨床的类型和组成、磨床的功用、磨削的工艺特点，目的是让学生了解常见的外圆磨床、内圆磨床、平面磨床的组成，了解磨床的主要功用和磨削的工艺特点。

第二节主要讲授了砂轮的相关内容，目的是让学生了解砂轮的组成，掌握砂轮特性的衡量要素，能够识读固结磨具的标记，掌握砂轮安装和静平衡的操作步骤。

第三节主要讲授了在外圆磨床上磨外圆、在外圆磨床上磨内圆、在外圆磨床上磨外圆锥、在平面磨床上磨平面的方法，目的是让学生了解外圆、内圆、外圆锥和平面的磨削方法。

通过本章的教学，使学生了解常见磨床的组成和功用，了解砂轮的组成和特性，能够识读固结磨具的标记，了解外圆、内圆、外圆锥和平面的磨削方法，并初步具备编制磨削工艺的能力。

二、教学建议

1．磨床是机器零件精密加工的主要设备，很多学校都配有磨床实训设备和场地，授课前可让学生到磨工实训场地进行现场参观，观察磨床的组成和磨削加工过程；没有相关设备的学校，可让学生通过网络检索磨床图片和加工视频。这些活动可以帮助学生对磨床的结构和功能有基本的了解。

2. 学生到现场参观时，引导学生做好安全防护，戴好护目镜，遵守磨工车间安全操作规程，一定要避免站在旋转砂轮的对面。

§8–1 磨　床

一、教学目标

1. 了解磨床的类型及常见磨床的结构和工作原理。
2. 了解磨床的主要功用。
3. 了解磨削的工艺特点。

二、教学重点与难点

1. 教学重点

（1）磨床的类型和组成。
（2）磨床的功用。
（3）磨削的工艺特点。

2. 教学难点

无心外圆磨床和无心内圆磨床的工作原理。

三、教学设计与建议

可先通过参观或播放视频资料的方式，让学生初步认识常用磨床，再通过课件和教材图片进行讲解，讲清楚各种磨床的结构和切削运动方式，最后讲解磨床的功用和工艺特点。

（一）复习提问

教师引导学生复习上一章所学知识，并回答下列问题。

1. 铣削加工的典型内容有哪些?
2. 镗削常见的加工内容有哪些?

（二）新课导入

让学生观察台阶轴等表面质量要求较高（$Ra \leqslant 0.8\ \mu m$）的零件，讨论“应用学过的各种加工方法能不能加工出这类表面？若能加工，生产效率和成本方面是否合理？有没有更有效的加工方法？”引出磨削加工，引入新课。

（三）探究新知

1. 磨床的类型和组成

结合学生讨论的结果，教师讲解磨床的概念，让学生明确磨床是机器零件精密加工的主要设备，主要用于提高经其他金属切削机床加工过的表面的精度。所以，根据零件需要加工的表面形状不同，磨床的结构和运动方式也有很大的不同。

（1）外圆磨床

首先讲清外圆磨床的用途，让学生了解外圆磨床主要用于磨削圆柱形和圆锥形外表面。教师再通过课件详细讲解万能外圆磨床和无心外圆磨床的组成及工作原理。

（2）内圆磨床

在学生熟悉外圆磨床的基础上，教师对比讲解内圆磨床的用途及常见内圆磨床的结构和工作原理。由于行星内圆磨床和无心内圆磨床工作原理较难理解，可借助视频进行讲解。

（3）平面磨床

平面磨床与外圆磨床在结构上有较大的差别，教师要结合课件和视频进行讲解，让学生了解平面磨床的用途、常见类型和磨削运动。

2. 磨床的功用

磨削时所用的砂轮可以看作带有无数细微刀齿的铣刀，所以磨削是一种微屑切削的精加工方法。磨床本身种类众多，加之砂轮具有不同的材质、形状和规格，所以，磨削无论是对于加工对象的材质还是对于加工表面形状的适应能力都很强。因此，其应用范围极广，凡车削、铣削所能完成的工作内容，一般都可以通过磨削进行精加工。

3. 磨削的工艺特点

针对磨削工艺特点的介绍是磨床及其应用部分教学的重点，教学中应逐条进行分析和讲解，以使学生对磨削的特点及应用有更深刻的认识和了解。教师讲解时强调砂轮的“自锐作用”，它是砂轮具有的独特能力。

§8–2　砂　　轮

一、教学目标

1．掌握砂轮的组成和特性。

2．了解磨具的标记。

3．了解砂轮的安装、平衡与修整操作步骤。

二、教学重点与难点

1. 教学重点

（1）砂轮的组成和特性。

（2）磨具的标记。

（3）砂轮的安装、平衡与修整。

2. 教学难点

砂轮的特性。

三、教学设计与建议

砂轮是用量最大、使用最广的一种磨具，使用时高速旋转。所以要把砂轮的组成和特性作为教学重点，让学生掌握砂轮的组成和特性。由于砂轮的特性涉及内容多，教师可通过课件逐条讲解每个特性的概念和相关规定，便于学生理解和掌握。

（一）复习提问

教师引导学生复习上一节所学知识，并回答下列问题。

1. 万能外圆磨床的主运动是砂轮的旋转运动还是工件的旋转运动?

2. 简述 M7120A 型平面磨床的主运动与进给运动。

（二）新课导入

“车削时用的刀具叫车刀，铣削时用的刀具是铣刀，磨削时用的刀具是什么？”通过问题讨论，引出磨削常用工具——砂轮，引入新课。

（三）探究新知

1. 砂轮的组成和特性

（1）砂轮的组成

通过课件，结合砂轮的组成图，讲解砂轮的三个组成要素：磨料、结合剂和气孔。强调各种类型的磨料和结合剂可构成不同类型和用途的砂轮。

（2）砂轮的特性

砂轮的特性是本章的重点内容，教师要重点讲解，要求学生必须掌握，讲解时先让学生明确砂轮特性的 7 个要素，再逐一讲解每一个特性所涉及的知识。

1）磨料。让学生明确磨料是砂轮的主要组成部分，它是砂轮产生切削作用的根本要素。磨削时要承受强烈的挤压、摩擦和高温的作用，所以磨料应具有极高的硬度、耐磨性、耐热性，以及相当高的韧性和化学稳定性。再结合教材表 8–2 讲解磨料的种类和常用磨料的代号，要求学生熟记。

2）粒度。讲解砂轮粒度时，可用筛子筛沙来形象讲解。

①用筛分法确定较大磨粒的粒度，以磨粒通过筛网上每英寸长度上的孔目数表示粒度。

②粒度号越大，磨料颗粒越细。

③对用显微镜测量来确定粒度号的微粉，是以实测到的最

大尺寸并在前面冠以符号“F”来表示的。

④粒度号越小，则微粉颗粒越细。

⑤粒度选择原则是：粗磨选小粒度号，精磨选大粒度号；材料塑性大或磨削面积大选小粒度号；成形磨削宜用大粒度号。

3）硬度。教师详细讲解砂轮硬度的概念及等级代号，让学生明确砂轮的硬度由软至硬按A、B、…、Y（I、O、U、V、W、X除外）共分19级。必须注意，砂轮的硬度与磨料的硬度是两个不同的概念，不能混淆。讲解砂轮硬度时，可补充砂轮硬度的选择原则。

①磨有色金属及用粒度号较大的砂轮时，应选较软的砂轮。

②磨削接触面大、薄壁和导热性差时，也应选较软的砂轮。

③在精磨和成形磨削时，应选较硬的砂轮。

4）组织。讲解砂轮组织的概念，让学生明确砂轮的组织是指砂轮内部结构的疏密程度。根据磨粒在整个砂轮中所占体积的比例不同，砂轮组织分成三大类共15级，可用数字标记，通常为0~14，数字越大，表示组织越疏松。让学生能根据加工要求正确选用砂轮组织。

5）结合剂。讲解结合剂的作用及其常用种类。要让学生明白结合剂的种类和性质会影响砂轮的硬度、强度、耐腐蚀性、耐热性及抗冲击性等。

6）形状和尺寸。根据教材表8–7，教师详细讲解常用砂轮的型号、名称及其形状、尺寸代号，让学生能根据磨床的结构及磨削的加工需要，正确选用砂轮的尺寸规格。

7）最高工作速度。教师讲解砂轮强度的概念，让学生明确砂轮强度通常用最高工作速度表示。砂轮应按下列范围的最高工作速度进行制造：<16，16~20，25~30，32~35，40~50，60~63，70~80，100~125，140~160，其单位为m/s。

2. 磨具的标记

教师以平形砂轮的标记（图8–1）为例，讲解固结磨具的标记，让学生明确每个标记的含义。

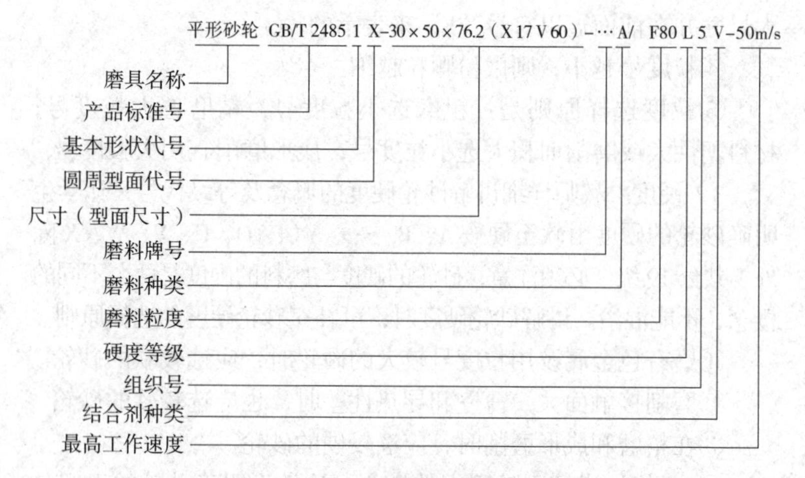

图 8–1　平形砂轮的标记

3. 砂轮的安装、平衡与修整

教师可通过视频或课件详细讲解砂轮的安装、平衡与修整的步骤及注意事项，让学生掌握安装砂轮、平衡砂轮和修整砂轮的操作步骤。学校具备条件的教师可在实训室进行讲解和示范操作，并让学生进行实操练习，真正掌握所学知识。

（1）砂轮的安装

1）安装砂轮前，让学生明确必须检查砂轮是否有裂纹，避免把有裂纹的砂轮装到法兰盘上。教师可示范检查砂轮是否有裂纹的操作方法。

2）让学生牢记安装砂轮时，在砂轮两侧都要放衬垫，避免不放衬垫直接安装砂轮。

3）紧内六角螺钉时，按对角顺序逐步拧紧。

（2）砂轮的平衡

1）让学生明确，新的砂轮安装好以后要校正平衡，以使砂轮的重心与旋转中心重合，抵消砂轮旋转时的离心力，以使砂轮在高速旋转下不会产生振动，从而保证磨削质量。

2）教师结合教材表 8–9，通过视频或者实际操作详细讲解砂轮静平衡的操作步骤。

（3）砂轮的修整

教师首先要讲清修整砂轮的意义，然后详细讲解修整砂轮的方法。

§8–3 磨削方法

一、教学目标

1. 掌握在外圆磨床上磨外圆、内圆和外圆锥的方法。
2. 掌握在平面磨床上磨平面的方法。

二、教学重点与难点

1. 教学重点

（1）在外圆磨床上磨外圆、内圆和外圆锥。

（2）在平面磨床上磨平面。

2. 教学难点

在外圆磨床上磨内圆和外圆锥。

三、教学设计与建议

生产中外圆磨削和平面磨削应用最多，教学中重点讲解外圆和平面的磨削，而内圆和外圆锥的磨削难度大一些，尤其是外圆锥的磨削，需要根据磨削角度调整工作台或者头架或者砂轮架。授课时，教师重点讲解磨削方法，学校具备条件的教师可在实训场地进行现场示范讲解。

（一）复习提问

教师引导学生复习上一节所学知识，并回答下列问题。

1．砂轮由哪几种要素组成？

2．什么是砂轮的硬度？生产中如何选择砂轮的硬度？

3．简述安装砂轮的操作步骤。

4．常用的砂轮修整工具有哪些？

（二）新课导入

外圆车削时，工件的旋转为主运动，刀具的纵向和横向移动为进给运动。“外圆磨削的主运动是工件的旋转还是砂轮的旋转？磨削时，砂轮能像车刀一样进行纵向或横向移动吗？”通过问题讨论，引入新课。

（三）探究新知

1．在外圆磨床上磨外圆

（1）工件的装夹

教师通过视频或课件讲解磨外圆时常用的工件装夹方法，学校具备条件的教师可在实训室进行讲解并示范操作，但禁止学生上机操作练习，避免安全事故的发生。

（2）磨削方法

教师通过视频或课件并结合教材表 8-10，讲解外圆磨削常用的四种方法（纵向磨削法、横向磨削法、综合磨削法和深度磨削法）的主运动、进给运动、磨削过程、磨削特点及应用。学校具备条件的教师可让学生到实训室进行参观学习。参观时，教师根据实际机床操作，详细讲解每种磨削方法的磨削过程和特点。参观时，禁止学生站立在砂轮切线方向。

2．在外圆磨床上磨内圆

（1）内圆磨削的方法

教师通过视频或课件并结合教材表 8-11，讲解内圆磨削的两种方法（纵向磨削法、横向磨削法）的主运动、进给运动、磨削过程、磨削特点及应用。学校具备条件的教师可在实训室进行示范讲解。

（2）内圆磨削的特点

教师根据内圆磨削的条件讲解内圆磨削的特点。

1）内圆磨削一方面受工件孔径的大小、砂轮和砂轮接长轴直径的限制，磨削速度很难提高；另一方面磨具刚度较差，容易振动，使加工质量和生产率受到影响。

2）切削液很难冲到工件孔内部，所以砂轮容易堵塞、磨钝。磨削工件孔的内部表面，磨削时不易观察。

3）让学生明确，在万能外圆磨床上用内圆磨头磨削内圆主要用于单件、小批量生产，在大批量生产中则宜使用内圆磨床磨削。

3. 在外圆磨床上磨外圆锥

教师结合教材表 8–12，讲解在外圆磨床上磨外圆锥的方法，明确每种方法的适用范围。

4. 在平面磨床上磨平面

（1）工件的装夹

1）讲解平面磨削时工件的装夹。让学生明确平面磨削时一般采用电磁吸盘紧固工件。

2）讲解垂直面磨削时工件的装夹。教师详细讲解保证两平面垂直度的方法。

3）让学生明确平面磨削时的注意事项。

（2）平面磨削方式与应用特点

教师通过课件，结合教材表 8–13，详细讲解平面磨削的三种方式，让学生明确每种磨削方式的主运动、进给运动及应用特点。

（3）平面磨削方法

教师通过课件，结合教材表 8–14，详细讲解平面磨削的三种方法（横向磨削法、深度磨削法及台阶磨削法），让学生明确三种方法的磨削过程、特点及应用。

第九章　刨削、插削和拉削

一、教学内容分析

本章共有三节内容。

第一节主要讲授了刨床、刨削等内容，目的是让学生了解牛头刨床和龙门刨床的组成、功用及其切削运动，了解刨削的加工范围和常用表面的刨削方法，了解刨削的工艺特点。

第二节主要讲授了插床、插削方法等内容，目的是让学生了解插床的结构及主要插削内容，了解键槽、方孔和花键孔的插削方法，了解插削的工艺特点。

第三节主要讲授了拉床、拉刀等内容，目的是让学生了解拉床和拉刀的结构，了解型孔和外表面的拉削方法及拉削的工艺特点。

通过本章的教学，使学生对刨削、插削和拉削有初步认识，了解它们的加工范围、加工方法和工艺特点，并初步具备编制刨削、插削和拉削工艺的能力。

二、教学建议

1．由于很多学校没有刨削、插削和拉削的实训设备，授课时教师可通过播放相关视频资料让学生初步认识刨床、插床和拉床，对这些机床的结构和功能有基本的了解。再通过现场教学或借助课件、视频进行讲解，讲清楚各种机床的结构和切削运动方式，讲解机床的主要工作内容和加工特点，介绍它们不同的加工方法。

2．授课时，教师展示带内齿槽、内键槽等零件。引导学生讨论“用已经学过的各种加工方法能否加工出这些表面？若能加工，生产效率和成本方面是否合理？有没有更有效的加工方法？”加强互动，再通过参观或播放刨床、插床和拉床等机床加工视频资料的方式，导入对这些机床结构及应用的介绍。

§9–1 刨 削

一、教学目标

1．了解牛头刨床和龙门刨床的组成、功用及其切削运动。

2．了解刨削的加工范围和常用表面的刨削方法。

3．了解刨削的工艺特点。

二、教学重点与难点

1．教学重点

（1）刨床。

（2）刨削加工。

（3）刨削的工艺特点。

2．教学难点

刨削方法。

三、教学设计与建议

可先通过参观或播放视频资料让学生初步认识牛头刨床和龙门刨床，再通过现场教学或借助课件、视频进行讲解，讲解牛头刨床和龙门刨床的结构和切削运动方式，介绍常用表面的刨削方法和刨削工艺特点。

（一）复习提问

教师引导学生复习上一章所学知识，并回答下列问题。

1．磨床具有哪些主要功用？

2．磨削具有哪些工艺特点？

（二）新课导入

教师展示刨削加工零件，引导学生讨论“应用学过的各种加工方法能不能加工出这类表面？若能加工，生产效率和成本方面是否合理？有没有更有效的加工方法？”引入新课。

（三）探究新知

结合学生讨论的结果，教师讲解刨削的概念，让学生明确刨削时，刨刀（或工件）的直线往复运动是主运动，工件（或刨刀）在垂直于主运动方向的间歇移动是进给运动。

1．刨床

（1）牛头刨床

通过现场教学或借助课件、视频，结合教材图 9–1 进行讲解，讲清楚牛头刨床的结构、各部分的作用及其切削运动，让学生掌握所学内容。

（2）龙门刨床

在学生熟悉牛头刨床的基础上，对比讲解龙门刨床的结构和切削运动。

2．刨削加工

（1）刨削的加工范围

教师结合教材图 9–6 讲解刨削的加工范围，并引导学生分析每种加工的主运动和进给运动。

（2）刨刀及其装夹

教师可对比车刀讲解刨刀的几何形状、结构和装夹时的要点。

（3）工件的装夹

教师可对比工件在铣床中的装夹，讲解工件在刨床中的装夹方法。

（4）刨削方法

教师通过视频，结合教材图 9–10、图 9–14、图 9–17 讲解刨水平面、刨 V 形槽、刨曲面的方法。引导学生分析每种方法所用的刀具、运动情况，让学生真正掌握所学知识。

3. 刨削的工艺特点

教师从刨床结构、切削运动方式、加工精度和表面质量等方面进行讲解，让学生了解刨削的工艺特点。

§9–2 插　削

一、教学目标

1. 了解插床的结构和切削运动。
2. 了解键槽、方孔和花键孔的插削方法。
3. 了解插削的工艺特点。

二、教学重点与难点

1. 教学重点

（1）插床。

（2）插削方法。

（3）插削的工艺特点。

2. 教学难点

插削方法。

三、教学设计与建议

可先通过参观或播放视频资料让学生初步认识插床，再通过现场教学或借助课件、视频进行讲解，讲解插床的结构和切削运动方式，介绍常用的插削方法和工艺特点。

（一）复习提问

教师引导学生复习上一节所学知识，并回答下列问题。

1．牛头刨床由哪几部分组成？

2．在刨床上可以加工哪些内容？

（二）新课导入

插削相当于立式刨削，插床的结构原理与牛头刨床相似。教师引导学生观察插床的结构，分析插床与牛头刨床的异同，引入新课。

（三）探究新知

1．插床

（1）插床的结构

通过课件、视频，结合教材图 9–18、图 9–19 进行讲解，让学生了解插床的结构和插床的切削运动。

（2）插削的主要内容

对比刨削讲解插削的主要内容，让学生了解刨削是以加工工件外表面上的平面、沟槽为主；而插削是以加工工件内表面上的平面、沟槽为主。在插床上可以插削键槽、方孔、多边形孔和花键孔等。

2．插刀

对比刨刀、结合教材图 9–21，讲解插刀的结构和几何角度。让学生明确尖刃插刀主要用于粗插或插削多边形孔，平刃插刀主要用于精插或插削直角沟槽。

3．插削方法

（1）插键槽

通过课件和视频，结合教材图 9–22，讲解键槽的插削方法。要让学生了解，插键槽时要保证键槽的尺寸精度和键槽对工件孔轴线的对称度要求。

（2）插方孔

要让学生了解插削小方孔和大方孔的方法不同。插削小方孔时，一般采用整体方头插刀插削。插削较大的方孔时，采用单边插削的方法，按划线校正，先粗插（每边留余量0.2～0.5 mm），然后用90° 角刀头插去四个内角处未插去的部分。插削时，应保证尺寸精度和对称度要求。

（3）插花键孔

让学生了解插花键孔的方法与插键槽的方法大致相同。花键各键槽除了应保证两侧面对轴平面的对称度，还需要保证在孔的圆周上均匀分布，即等分性。因此，插花键孔时常需要用分度盘进行分度。

4．插削的工艺特点

教师从插床和插刀的结构、切削运动方式、加工精度和表面质量等方面进行讲解，让学生了解插削的工艺特点。

§9–3　拉　削

一、教学目标

1．了解拉床的结构及其加工范围。

2．了解拉刀的结构。

3．了解型孔和外表面的拉削方法。

4．了解拉削的工艺特点。

二、教学重点与难点

1．教学重点

（1）拉床的结构及其加工范围。

（2）拉刀。

（3）拉削方法。

（4）拉削工艺。

2. 教学难点

拉刀。

三、教学设计与建议

可先通过参观或播放视频资料让学生初步认识拉床，再通过现场教学或借助课件、视频进行讲解，讲解拉床和拉刀的结构，介绍拉削方法和工艺特点。

（一）复习提问

教师引导学生复习上一节所学知识，并回答下列问题。

1. 插床主要由哪几部分组成？

2. 在插床上可以插削哪些内容？

（二）新课导入

教师通过播放拉削加工视频，让学生初步认识拉床，并让学生分析拉削加工型孔的尺寸是由什么确定的，通过讨论，引入新课。

（三）探究新知

1. 拉床

（1）拉床的结构

教师通过视频，结合教材图 9–24 讲解拉床的结构，让学生了解拉床的用途。

（2）拉床的加工范围

教师要让学生了解，拉削不仅能拉削圆孔、方孔、多边形孔、键槽、花键孔、内齿轮等各种型孔（直通孔），还可以拉削平面、成形面、花键轴的齿形、涡轮盘和叶片上的榫槽等。

2. 拉刀

教师结合教材图 9–26 详细讲解拉刀的结构，让学生了解拉刀各部分的作用。

3. 拉削方法

教师简要介绍型孔和外表面的拉削方法。

4. 拉削的工艺特点

教师从拉刀的结构、加工精度和表面质量等方面进行讲解，让学生了解拉削的工艺特点。

第十章　齿 轮 加 工

一、教学内容分析

本章共有两节内容。

第一节主要讲授了齿轮加工机床、齿轮加工刀具、滚刀的安装，目的是让学生了解滚齿机和插齿机的结构、功用及其运动，了解齿轮加工刀具的类型，了解滚齿刀和插齿刀的结构、基本尺寸和选用，了解滚齿时滚刀的安装。

第二节主要讲授了成形法铣齿、展成法滚齿、展成法插齿和齿面精加工，目的是让学生了解成形法铣齿的工作原理和齿轮铣刀的选择，了解展成法滚齿和插齿的工作原理，了解剃齿、珩齿和磨齿的工作原理。

通过本章的教学，使学生对齿轮加工有初步认识，了解铣齿、滚齿、插齿、剃齿、珩齿和磨齿的工作原理，并初步具备编制齿轮加工工艺的能力。

二、教学建议

1. 由于很多学校没有齿轮加工实训设备，授课时教师可通过播放视频资料让学生初步认识滚齿机、插齿机和剃齿机等，对这些机床的结构和功能有基本的了解。再借助课件、视频进行讲解，讲清楚各种齿轮加工机床的结构和切削运动方式。

2. 齿形加工是齿轮加工的关键，而铣齿、滚齿、插齿、剃齿、珩齿和磨齿的工作原理较难理解，教师可通过动画进行讲解，帮助学生理解各齿形的加工原理。

§10–1　齿轮加工设备

一、教学目标

1. 了解滚齿机的应用、结构及滚齿运动。
2. 了解插齿机的外形、应用及插齿运动。
3. 了解常见齿轮加工刀具的结构、基本尺寸和选用。
4. 了解滚齿时滚刀的安装。

二、教学重点与难点

1. 教学重点

（1）齿轮加工机床。

（2）齿轮加工刀具。

（3）滚刀的安装。

2. 教学难点

（1）滚齿运动。

（2）插齿运动。

（3）滚刀的安装。

三、教学设计与建议

可先通过参观或播放视频资料让学生初步认识滚齿机和插齿机，再通过现场教学或借助课件、视频进行讲解，讲解滚齿机和插齿机的结构和切削运动方式，介绍常用齿轮加工刀具和滚刀的安装。

（一）复习提问

教师引导学生复习上一章所学知识，并回答下列问题。

1. 刨削与插削有何区别？

2. 拉刀由哪几部分组成？

（二）新课导入

教师通过课件和视频资料让学生观看滚齿机和插齿机的结构及齿轮加工视频，引导学生讨论齿轮齿面的加工方法，引入新课。

（三）探究新知

结合学生讨论的结果，教师讲解齿轮的加工方法，让学生明确齿轮的加工可分为齿坯加工和齿形加工两个阶段，齿坯大多属于盘类工件，通常经车削（齿轮精度较高时须经磨削）完成，齿面则可采用成形法和展成法进行加工。

1. 齿轮加工机床

（1）滚齿机

教师通过现场教学或借助课件、视频，结合教材图 10–2 讲解滚齿机的应用及其主要部件。通过视频或动画，让学生了解滚齿时的运动，包括主运动、展成运动、垂直进给运动、附加运动。

（2）插齿机

教师通过现场教学或借助课件、视频，结合教材图 10–4 讲解插齿机的外形及应用。通过视频或动画，让学生了解插齿时的运动，包括主运动、展成运动、径向进给运动、圆周进给运动、让刀运动。

2. 齿轮加工刀具

（1）齿轮加工刀具种类

教师按齿形加工原理和被加工齿轮的类型，讲解各类齿轮加工刀具的名称，让学生了解各种齿轮加工刀具的用途。

（2）常见齿轮加工刀具

1）教师结合课件和图片，详细讲解齿轮滚刀的结构、基本尺寸和精度等级，让学生能根据齿轮的参数和加工等级选择齿轮滚刀参数和精度等级。

2）教师结合课件和图片，详细讲解插齿刀的精度及其结构，让学生能根据齿轮的形状、参数、加工等级选择插齿刀。

3. 滚刀的安装

教师结合教材图 10–10、图 10–11，详细讲解加工直齿圆柱齿轮、斜齿圆柱齿轮时滚刀的安装角，让学生能根据齿轮的形状和工件的旋向确定滚刀的安装角。

§10–2 齿形加工方法

一、教学目标

1. 了解成形法铣齿的工作原理和齿轮铣刀的选择。
2. 了解展成法滚齿的工作原理和滚齿特点。
3. 了解展成法插齿的工作原理和插齿特点。
4. 了解剃齿、珩齿和磨齿的工作原理。

二、教学重点与难点

1. 教学重点

（1）成形法铣齿。
（2）展成法滚齿。
（3）展成法插齿。
（4）齿面精加工。

2. 教学难点

（1）剃齿的运动。
（2）展成法磨齿。

三、教学设计与建议

铣齿、滚齿、插齿、剃齿、珩齿和磨齿的工作原理较难理解，教师可通过动画进行讲解，帮助学生理解各齿面的加工原理。

（一）复习提问

教师引导学生复习上一节所学知识，并回答下列问题。

1. 在滚齿机上加工齿轮时需要哪几种运动？

2. 插齿加工时，机床必须具备哪些运动？

（二）新课导入

教师引导学生阅读教材表 10–2，让学生了解常见齿形的加工方法。教师播放常见齿形加工视频，让学生辨别各视频中齿形的加工方法，引入新课。

（三）探究新知

1. 成形法铣齿

（1）铣齿的工作原理

教师通过课件、视频，结合教材图 10–12 讲解铣齿的工作原理，让学生明白需要借助分度头完成圆柱齿轮和斜齿轮的铣削。

（2）齿轮铣刀的选择

教师讲解常见的齿轮铣刀，分析每种铣刀的用途。分析采用成形法加工齿形时，影响齿轮的分布、齿形、齿廓的形状的因素，让学生能根据被加工齿轮模数、齿数等参数选择齿轮铣刀。

（3）铣齿加工的特点

教师从铣齿的加工精度低、加工效率低等方面进行讲解，让学生理解铣齿加工的特点。

2. 展成法滚齿

（1）滚齿的工作原理

教师通过动画和滚齿加工视频，结合教材图 10–13 讲解滚齿的工作原理，帮助学生理解滚齿加工。

（2）滚齿加工的特点

教师通过分析滚齿的工作原理讲解滚齿加工的特点，有助于学生理解滚齿加工的特点。

3. 展成法插齿

（1）插齿的工作原理

教师通过动画和插齿加工视频，结合教材图 10–15 讲解插齿的工作原理，有助于学生了解插齿加工。

（2）插齿加工的特点

教师从齿形精度、齿面的表面粗糙度等方面进行讲解，有助于学生理解插齿加工的特点。

4. 齿面精加工

（1）剃齿

教师通过动画和剃齿加工视频，结合教材图 10–16 讲解剃齿的工作原理和剃齿运动，帮助学生了解剃齿加工。

（2）珩齿

教师通过动画和珩齿加工视频，结合教材图 10–17 讲解珩齿的工作原理，帮助学生了解珩齿加工。

（3）磨齿

1）成形法磨齿。成形法磨齿与成形法铣齿相同，需要将砂轮修整成与齿轮齿间相吻合的形状，然后对齿轮的齿间进行磨削。

2）展成法磨齿。教师讲解展成法磨齿的实质，让学生了解锥面砂轮磨齿法、双碟形砂轮磨齿法和蜗杆砂轮磨齿法的工作原理。

第十一章　数控加工与特种加工

一、教学内容分析

本章共有三节内容。

第一节重点讲述了数控机床的概念、组成、工作过程和特点，目的是让学生初步认识数控机床，了解数控机床的工作过程。

第二节重点讲述了数控加工工艺制定的过程与内容，目的是让学生学会对零件进行工艺分析，学会选择刀具与夹具，能确定刀具加工路线和切削用量，会填写数控加工工艺文件。

第三节重点讲述了特种加工的相关内容，目的是让学生了解常见特种加工的种类、工作原理及其应用范围。

通过本章的教学，使学生初步了解数控加工与特种加工，并初步具备编制数控加工工艺和特种加工工艺的能力。

二、教学建议

1．随着社会生产和科学技术的快速发展，对机械产品制造精度、复杂程度以及更新速度的要求越来越高，数控技术和数控机床应运而生，为高精度、高效率完成产品生产，特别是复杂型面零件的生产提供了自动加工手段。

2．在本章的学习过程中，教师可采取播放视频、展示图片的方式，讲解最新的数控加工和特种加工技术，引导学生保持对新技术的敏感性，使学生及时了解新知识，以适应社会的需求。

§11-1　数 控 机 床

一、教学目标

1．了解数控技术的基本概念。

2．掌握数控机床的组成，能够识别数控机床的各组成部分及其作用。

3．熟悉数控机床的工作过程。

4．了解数控机床的特点。

5．熟悉常见数控机床的类型。

二、教学重点与难点

1．教学重点

（1）数控机床的概念。

（2）数控机床的组成。

（3）数控机床的工作过程。

（4）数控机床的特点。

（5）常用数控机床的类型和特点。

2．教学难点

数控机床的工作过程。

三、教学设计与建议

1．为了激发学生的学习兴趣，教师在讲授新课之前，可安排学生参观数控车间或观看数控加工视频。参观（观看）前，教师最好布置一些问题，如"数控车床与普通车床在结构上有哪些不同？数控铣床与普通铣床在结构上有哪些不同？数控机床是如何工作的？"加深学生对数控机床的认识，让学生带着问题去参观（观看）。参观（观看）过程中，教师应进行适当的启发和讲解，让学生主动思考，找出问题的答案，以此引入新课。

2. 通过现场参观或观看视频资料，学生对数控机床的结构和工作过程有了初步的感性认识。在此基础上，教师以讲授为主，对数控技术的基本概念、数控机床的组成及各组成部分的作用、数控机床的加工过程、数控机床的特点等内容进行讲解，引导学生从多方面认识数控机床。

（一）复习提问

教师引导学生复习上一章所学知识，并回答下列问题。

1. 常见齿形的加工方法有哪几种？

2. 常用齿面的精加工方法有哪几种？

（二）新课导入

引导学生讨论传统的生产方式和加工技术能否满足并适应现代制造业的生产需求这一问题，教师总结并强调随着社会生产和科学技术的快速发展，机械制造技术发生了巨大的变化，对机械产品制造精度、复杂程度以及更新速度的要求越来越高。由此引出数控技术和数控机床这一概念，引入新课。

（三）探究新知

1. 数控机床的概念

教师详细讲授数控技术、数控机床等概念，着重强调数控是数字控制的简称，是一种用数字化信号进行控制的自动控制技术，而数控机床是按加工要求预先编制的程序，由控制系统发出数字信息指令对工件进行加工的机床。教师可对数字化信号进行简要的介绍，使学生了解数控机床的工作特点。

2. 数控机床的组成

根据学生参观的内容，教师采用启发式教学方法，讲解数控机床的组成及各组成部分的作用。如讲解控制介质时，教师可启发学生回答“数控机床是依靠加工程序加工零件的，加工程序是通过什么装置输入到数控装置的呢？”等问题，根据学生的回答，教师讲授控制介质的作用及种类。

为了便于学生理解，建议教师边讲解边绘制数控机床组成框图，并着重强调控制介质、数控装置、伺服系统、测量反馈装置等组成部分的作用。

3. 数控机床的工作过程

数控机床是在普通机床的基础上发展起来的，在数控机床上加工零件与普通机床上加工零件本质相同，只不过机床的控制方式不同。数控机床由数控系统通过加工程序进行控制，普通机床则由机床操作者人工进行控制。为此，教师启发学生思考、讨论问题：“在普通机床（车床）上加工零件的一般过程是什么？”教师根据学生回答，概括出在普通机床上加工零件的过程，然后从普通机床加工零件的一般过程引入到数控机床加工零件的一般过程，如图 11–1 所示。

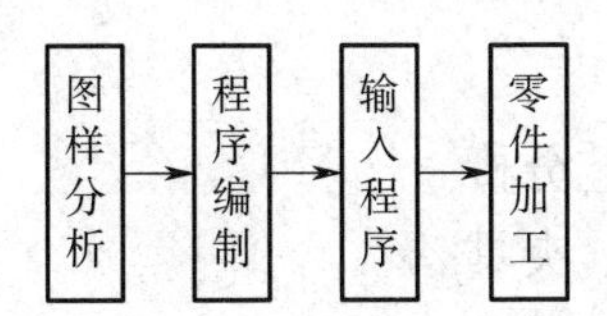

图 11–1　数控机床加工零件的一般过程

授课时，教师绘制出数控机床加工零件一般过程的框图，并结合教材图 11–6 进行简要说明即可，主要是帮助学生建立数控机床加工过程的初步印象。

4. 数控机床的特点

由于数控机床加工零件的过程是由数控系统通过加工程序来进行控制，与普通机床相比，必然具有其自身的特点。

教师根据学生参观（或观看）感受及平时所见所闻，讲解数控机床的特点，并进行总结，以避免空洞乏味的说教。

5. 常用数控机床的类型和特点

结合教材表 11-1，教师通过多媒体课件讲解常用数控机床的类型和特点，让学生对不同种类的数控机床有初步的认识。

§11-2 数控加工工艺

一、教学目标

1. 了解数控加工零件工艺性分析的内容。
2. 能合理选择数控加工用的刀具和夹具。
3. 掌握加工路线的确定方法。
4. 了解影响切削用量的主要因素及切削用量的选择。
5. 了解数控加工工艺文件。

二、教学重点与难点

1. 教学重点

（1）零件的工艺分析。

（2）选择刀具、夹具。

（3）确定加工路线。

（4）确定切削用量。

（5）填写数控加工工艺文件。

2. 教学难点

（1）加工路线的确定。

（2）切削用量的选择。

（3）填写数控加工工艺文件。

三、教学设计与建议

1. 本节主要对数控加工零件的工艺分析、选择刀具和夹具、确定加工路线、确定切削用量、填写数控加工工艺文件等内容进行教学，让学生掌握数控加工工艺的制定方法。数控加工工艺与普通加工工艺有很多相似之处，因此教师讲授时采用对比法进行讲解，教学效果会更好。

2. 数控加工工艺的制定是教学难点，授课时教师可对比普通加工工艺进行讲解，使学生掌握数控加工工艺的制定过程与内容。

（一）复习提问

教师引导学生复习上一节所学知识，并回答下列问题。

1. 数控机床的工作过程包括哪些内容？

2. 数控机床由哪几部分组成？其各自的作用是什么？

3. 常用的数控机床有哪些类型？各有何特点？

（二）新课导入

教师引导学生讨论在普通机床上加工零件所涉及的工艺问题有哪些，从而引出在数控机床上加工零件时的工艺问题，引入新课。

（三）探究新知

1. 零件的工艺分析

（1）选择并决定进行数控加工的内容

要让学生掌握哪些内容适合在数控机床上加工，哪些内容不适合在数控机床上加工。明确告诉学生要避免把数控机床当作普通机床来使用。

（2）数控加工零件工艺性分析

当选择并决定数控加工零件及其加工内容后，应对零件的数控加工工艺性进行全面、认真、仔细的分析。

教师引导学生进行零件图样分析、零件图形的数学处理和编程尺寸的计算。

2. 选择刀具、夹具

教师授课时先引导学生复习普通加工中所用的刀具、夹具，再根据学生的掌握情况讲解并重点强调合理选择数控加工的刀具、夹具，这也是工艺处理工作中的重要内容，让学生从思想上重视该知识点的学习。讲授刀具的选择时，要让学生了解刀具的选择原则。讲授夹具的选择时，要让学生了解数控加工对夹具的要求，重点讲授选择夹具时的注意事项。

3. 确定加工路线

这个知识点既是本节的教学重点，又是教学难点。教师讲授时从以下两个方面进行：首先，重点讲授数控加工路线的定义，让学生明确数控加工路线包括哪些内容，常采用哪些方法确定数控加工路线；其次，教师详细讲授确定数控加工路线时要考虑的几个问题，对于这几个问题，教师要结合多媒体课件或动画进行详细讲解，让学生真正掌握数控加工路线的确定。

4. 确定切削用量

由于数控加工中切削用量的确定方法与普通加工基本相同，教师讲授时先引导学生复习普通加工中切削用量的确定，再根据学生的掌握情况进行讲授。教师讲授时从以下两个方面进行：首先，让学生掌握影响切削用量的因素；其次，让学生掌握背吃刀量、主轴转速和进给速度的确定，使三者能相互适应，以形成最佳切削用量。

5. 填写数控加工工艺文件

数控加工工艺文件是编制生产计划、组织生产、安排物资供应、指导工人加工操作及技术检验等的重要依据。数控加工工艺文件主要包括数控加工编程任务书、数控加工工序卡、数控加工刀具明细表、数控加工进给路线图、数控加工程序单等。这些文件尚无统一标准，各企业一般根据本单位的特点制定上述工艺文件，教材仅选数控加工工序卡和数控加工刀具明细表进行讲解。

教师讲授时，要明确数控加工工序卡和数控加工刀具明细表的作用及内容，让学生掌握数控加工工序卡和数控加工刀具明细表的识读及填写。

（1）数控加工工序卡

数控加工工序卡表达了加工工序内容，同时还反映了使用的辅具、刃具及切削参数等，它是操作人员配合数控程序进行数控加工的主要指导性工艺文件。

（2）数控加工刀具明细表

数控加工刀具明细表是调刀人员调整刀具、操作人员进行刀具数据输入的主要依据。

§11–3 特种加工

一、教学目标

1. 了解特种加工的概念。
2. 掌握电火花成形加工工作原理与应用范围。
3. 掌握电火花线切割加工工作原理、特点与应用范围。
4. 掌握激光加工的基本工作原理。
5. 熟悉激光加工的工艺特点及应用范围。

二、教学重点与难点

1. 教学重点

（1）电火花加工。

（2）激光加工。

2. 教学难点

（1）电火花成形加工工作原理。

（2）电火花线切割加工工作原理。

三、教学设计与建议

1．教师可借助视频向学生介绍电火花加工、激光加工等现代特种加工技术，并通过教材介绍常用的特种加工方法在加工时作用于工件的能量形式、应用范围以及可加工的材料。

2．介绍时应注意强调电火花加工（电火花成形加工、电火花线切割加工）只能适用于导体材料，然后播放特种加工的视频，让学生对常见特种加工方法的加工原理和加工过程有整体的认识，从而导入常见特种加工原理和特点。

3．电火花成形加工原理是本章的教学难点，很多学生不理解电火花加工放电的过程，教师要重点讲解。

（一）复习提问

教师引导学生复习上一节所学知识，并回答下列问题。

1．如何对零件图形进行数学处理？

2．什么是加工路线？

3．切削用量的选择包括哪几个方面？

（二）新课导入

教师让学生观察通过电火花成形加工、电火花线切割加工等特种加工方法加工出的工件，讨论“在学过的加工方法中能不能加工出这些形状和表面？若不能，那么这些工件又是如何加工出来的？”引出特种加工的概念，引入新课。

（三）探究新知

1．电火花加工

教师先讲解电火花加工的概念以及常见种类，再讲解电火花成形加工和电火花线切割加工的工作原理、应用范围。

（1）电火花成形加工

先介绍电火花成形加工原理，对照幻灯片介绍电火花成形加工机床的结构，再通过分析加工原理讲解电火花成形加工的基本过程。在讲解加工原理和过程的基础上，介绍电火花成形加工的特点。

（2）电火花线切割加工

电火花线切割加工的基本原理与电火花成形加工是相同的，只是将负极变成了走动的金属丝，工件安装在工作台上并通过数控系统控制金属丝按预定轨迹移动。所以在讲解原理时可偏重于对电火花线切割加工过程中工件驱动部分的介绍。在介绍电火花线切割加工的特点和应用时，除讲解教材中的各项内容外还应注意强调：电火花线切割加工时金属丝和工件间是工件与一段直线电极相对运动的关系，所以被加工的工件除必须是导体材料外，其廓形母线必须是直线。

2. 激光加工

由于激光原理所涉及的物理知识过于深奥，在介绍激光加工的原理时，关于激光器部分没有必要过多讲解，只要讲清楚激光加工的原理即可，重点是要让学生对激光加工的特点和应用有较为深入的了解。

第十二章　先进制造工艺技术

一、教学内容分析

本章共有三节内容。

第一节主要讲授了超精密加工技术的相关内容，目的是让学生了解超精密加工的概念，掌握超精密切削加工、超精密磨削加工的关键技术，了解超精密加工机床与设备以及超精密加工支持环境，激发学生的学习兴趣。

第二节主要讲授了高速切削加工技术的相关内容，目的是让学生掌握高速切削加工的概念，了解高速切削加工是集高效、优质、低耗于一体的先进制造技术。

第三节主要讲授了增材制造技术的相关内容，目的是让学生了解增材制造的基本原理，了解增材制造在多个行业的应用情况。

通过本章的教学，使学生了解先进制造工艺技术的现状与发展趋势，掌握先进制造工艺技术理念，为以后从事相关工作打下基础。

二、教学建议

1. 先进制造工艺技术是制造技术与现代高新技术结合而产生的一个完整的技术群，是制造技术的最新发展阶段。学生对本章的学习往往感到既陌生又好奇，针对这种情况，教师在授课时要充分利用学生的好奇心，培养学生的学习兴趣，引导学生探究先进制造工艺技术的奥妙，使学生主动参与教学活动中。

2. 授课时教师运用课堂教学与现场教学相结合的教学方法，并辅助以讲练结合方式、引导启发方式、问题讨论方式，充分调动学生的学习积极性，体现以学生为主体的教学思想，将理论与实践的紧密结合，旨在培养学生的学习能力。

3. 通过本章的学习，学生掌握更多的先进制造知识及理论方法，具备合理选择先进加工工艺方法和解决关键工艺难题的能力。

4. 在教学过程中，教师可引导学生通过网络检索最新的先进制造工艺技术及应用，培养学生自主学习新知识、新技术的能力。

§12-1 超精密加工技术

一、教学目标

1. 了解超精密加工的内涵、超精密加工所涉及的技术范围。

2. 掌握超精密切削加工、超精密磨削加工的关键技术。

3. 了解超精密加工机床与设备的关键部件。

4. 了解超精密加工的支持环境。

二、教学重点与难点

1. 教学重点

（1）超精密加工所涉及的技术范围。

（2）超精密切削加工、超精密磨削加工的关键技术。

（3）超精密加工机床与设备的关键部件。

2. 教学难点

超精密加工机床与设备的关键部件。

三、教学设计与建议

1. 超精密加工技术是一种精度极高的加工技术，但在日常生活中，学生很少接触超精密加工技术的生产实例，所以对超精密加工的了解非常有限，这也给课堂教学增加了一定难度。为了使学生能对超精密加工有初步认识，教师可先播放超精密加工案例视频，让学生思考"什么是超精密加工"以及"超精密加工技术的优势"等问题，并让学生在观看完视频后谈谈自己对上述问题的理解，再讲解超精密加工概念，这样有助于加深理解，起到事半功倍的教学效果。

2. 通过本节的教学，使学生开阔加工工艺领域的眼界及加工方法的思路，为选用新工艺、解决加工难题和改善工艺措施打下一定的基础。同时，帮助学生将所学理论知识与应用性较强的生产实例进行有机结合，培养学生理论联系实际的能力，使学生对专业知识有深入的理解。同时，掌握超精密加工技术的基本理论和基本技术，具有选择超精密加工工艺和设备的基本能力。

（一）复习提问

教师引导学生复习上一节所学知识，并回答下列问题。

1. 什么是特种加工?
2. 什么是电火花加工？电火花加工可以分为哪几类?
3. 激光加工的工艺特点有哪些?

（二）新课导入

教师在讲授新课之前，引导学生仔细观看教师播放的超精密加工案例视频，要求学生思考超精密加工技术对机械制造业的影响，并通过询问学生观看视频后对超精密加工技术的感受来引入新课。

（三）探究新知

通过播放视频，教师先讲解超精密加工的内涵，让学生明确精密和超精密加工只是一个相对的概念，其界限随时间的推移而不断变化，再讲解超精密加工所涉及的技术范围，最后重点讲解超精密切削加工和超精密磨削加工，引导学生从多方面认识超精密加工。

1. 概述

（1）超精密加工的内涵

教师通过多媒体课件详细讲解超精密加工的内涵。现阶段超精密加工的加工精度小于 0.1 μm，表面粗糙度值小于 0.01 μm。

（2）超精密加工所涉及的技术范围

超精密加工所涉及的技术范围，教师从以下方面进行讲解。

1）超精密加工机理。

2）超精密加工刀具、磨具及其制备技术。

3）超精密加工机床设备。

4）精密测量及补偿技术。

5）严格的工作环境。

2. 超精密切削加工

教师强调超精密切削加工主要是指采用金刚石刀具进行的超精密车削，主要从金刚石刀具的硬度、刃口圆弧半径、热化学性能、耐磨性能等方面进行讲解，让学生了解金刚石刀具的性能特征。

3. 超精密磨削加工

教师讲解超精密磨削加工所能达到的加工精度，并让学生明确超精密磨削的关键在于砂轮的选择、砂轮的修整、磨削用量的选择和高精度的磨削机床。

（1）超精密磨削砂轮

在超精密磨削加工中，所使用的砂轮材料多为金刚石和立方氮化硼磨料，让学生了解两种砂轮适用的加工对象。

（2）超精密磨削砂轮的修整

让学生明确砂轮修整通常包括修形和修锐两个过程。金刚石砂轮和立方氮化硼砂轮都比较坚硬，很难用其他磨料来磨削以形成新的切削刃。因此，超精密磨削砂轮一般是通过去除磨粒间结合剂的方法使磨粒突出结合剂一定高度，以形成新的磨粒。

（3）磨削速度和磨削液

让学生明确金刚石砂轮的磨削速度一般为 12 ~ 30 m/s，立方氮化硼砂轮的磨削速度可达 80 ~ 100 m/s，而磨削液的选用应视具体情况合理选择。

4．超精密加工机床与设备

教师要让学生明确超精密加工机床是实现超精密加工的首要基础条件。而超精密加工机床的精度质量主要取决于机床的主轴部件、床身、导轨以及驱动部件等。

（1）精密主轴部件

精密主轴部件是超精密加工机床的圆度基准，也是保证机床加工精度的核心。主轴要求达到极高的回转精度，其关键在于所用的精密轴承。目前，超精密机床主轴广泛采用的是液体静压轴承和空气静压轴承。

（2）床身和精密导轨

教师详细讲解超精密机床对床身和导轨的要求，强调超精密加工机床床身多采用人造花岗岩材料，其导轨部件广泛应用液体静压导轨、气浮导轨和空气静压导轨。

（3）微量进给装置

高精度微量进给装置是超精密加工机床的又一个关键部件，它对实现超薄切削、高精度尺寸加工和实现在线误差补偿有着十分重要的作用。教师强调，目前高精度微量进给装置的分辨率已达到 0.001 ~ 0.01 μm，有机械式、液压传动式、弹性变形式、压电陶瓷等多种结构。

5．超精密加工的支持环境

为了适应精密和超精密的加工要求，达到微米级甚至纳米级的加工精度，必须对支持环境加以严格控制，包括空气环境、热环境、振动环境、电磁环境等。

§12–2　高速切削加工技术

一、教学目标

1．掌握高速切削加工的概念。

2．掌握高速切削加工的关键技术。

二、教学重点与难点

1．教学重点

（1）高速切削加工的概念。

（2）高速切削加工的关键技术。

2．教学难点

高速切削加工的关键技术。

三、教学设计与建议

1．相对于传统加工技术，高速切削加工技术具有显著的优越性，在工业领域得到越来越广泛的应用，有着强大的生命力和广泛的应用前景。

2．为了使学生能初步认识高速切削加工技术，教师可先播放高速切削加工案例视频，让学生思考“什么是高速切削加工？”“高速切削加工技术有何优势？”等问题，并让学生在观看完视频后谈谈自己对上述问题的理解，再讲解高速切削加工的概念，有助于加深理解，起到事半功倍的教学效果。

（一）复习提问

教师引导学生复习上一节所学知识，并回答下列问题。

1．什么是超精密加工？

2．什么是超精密切削加工？

3．什么是超精密磨削加工？

（二）新课导入

教师在讲授新课之前，引导学生仔细观看教师播放的高速切削加工案例视频，通过询问学生观看视频后对高速切削加工技术的感受来引入新课。

（三）探究新知

1．高速切削加工的概念

教师通过多媒体课件详细讲解萨洛蒙博士提出的著名的高速切削加工理论，引出高速切削加工的概念及其切削特征。

2．高速切削加工的关键技术

高速切削加工所涉及的技术内容较多，这里仅介绍高速主轴单元、快速进给系统、先进的机床结构、高速切削加工刀具以及高性能 CNC 控制系统等高速切削的关键技术。

（1）高速主轴单元

教师通过讲解电主轴的结构及其工作原理，让学生明确高速主轴一般应用电主轴。

（2）快速进给系统

教师通过讲解直线电动机的结构及其工作原理，让学生明确高速切削加工进给系统普遍采用直线电动机。

（3）先进的机床结构

高速切削加工机床的基础结构件必须具有足够的刚度和强度，以及较高的阻尼特性和热稳定性。目前，高速切削加工机床多采用龙门式立柱型对称结构及箱中箱结构。

（4）高速切削加工刀具

让学生明确高速切削加工通常采用的刀具有硬质合金涂层

刀具、陶瓷刀具、聚晶金刚石刀具、立方氮化硼刀具。刀柄常采用一种新型双定位刀柄。

（5）高性能 CNC 控制系统

目前，高速切削加工机床的 CNC 控制系统多采用 64 位 CPU 系统。

§12–3　增材制造技术

一、教学目标

1. 了解增材制造技术的基本原理。
2. 了解增材制造的方法。
3. 了解增材制造技术的应用。

二、教学重点与难点

1. 教学重点

（1）增材制造技术的基本原理。

（2）增材制造的方法。

（3）增材制造技术的应用。

2. 教学难点

增材制造技术的基本原理。

三、教学设计与建议

1. 增材制造作为具有巨大潜力和商业价值的先进工艺受到了极大的关注，它被广泛应用于众多领域和工业应用中，其中包括教育医疗设备、汽车零部件、航空航天和飞机部件、建筑、珠宝和艺术品等。

2. 教师先通过视频或多媒体课件讲解增材制造技术的应用

实例，让学生了解增材制造技术在现代生产中的应用，再讲解增材制造技术的相关知识点。

3. 通过本节各个环节的教学，使学生了解增材制造技术的基本原理和应用领域。同时，帮助学生将所学理论知识与应用性较强的生产实例进行有机结合，培养学生理论联系实际的能力，使学生对专业知识有深入的理解。

（一）复习提问

教师引导学生复习上一节所学知识，并回答下列问题。

1. 什么是高速切削加工技术？

2. 高速切削加工技术的特征有哪些？

3. 高速切削加工的关键技术有哪些？

（二）新课导入

增材制造技术是通过逐层堆积材料制造三维物体的现代制造技术，广泛应用于医疗、航空航天、汽车制造等领域。为了让学生能了解更多增材制造技术的内容，教师引入新课时，可通过播放增材制造技术的视频，让学生观察并说出增材制造技术的应用领域，加深学生对增材制造技术的了解。

（三）探究新知

1. 增材制造技术的基本原理

教师让学生观察 3D 打印视频，引导学生说出增材制造技术的基本原理。强调增材制造技术是一种基于“分层制造，逐层叠加”的离散分层制造原理发展而来的先进制造技术，通常也被称为 3D 打印。

结合教材图 12–6 讲解增材制造的基本工艺过程，让学生明确增材制造的五个主要环节。

（1）建立三维实体模型

教师让学生明确设计人员可通过两种方法进行建模：一种是通过各种三维 CAD 软件将设计对象构建成三维实体数据模型；另一种是通过三坐标测量机、激光扫描仪、三维实体影像等手段进行建模。

（2）生成数据转换文件

将建模后生成的数据文件格式转换为增材制造系统所能接受的 STL 等文件格式。

（3）分层切片

根据增材制造系统的制造精度，对三维建模对象进行分层切片处理，薄片厚度越小精度越高。分层切片过程也是增材制造由三维实体向二维薄片的离散化过程。

（4）逐层堆积成形

增材制造系统根据切片的轮廓和厚度要求，用粉材、丝材、片材等完成每一切片成形，通过一片片堆积，最终完成三维实体的成形制造。

（5）成形实体的后处理

实体成形后，需去除一些不必要的支撑结构或粉末材料，根据要求进行固化、修补、打磨、表面强化以及涂覆等处理。

2. 增材制造方法

教师结合多媒体课件讲解常见的增材制造方法。

（1）光固化（SLA）成形。

（2）分层实体（LOM）成形。

（3）选区激光烧结（SLS）成形。

（4）熔融沉积（FDM）成形。

（5）金属零件激光熔融沉积（LDMD）成形。

（6）激光选区熔化（SLM）成形。

（7）电子束选区熔化（EBM）成形。

（8）电子束熔丝沉积（EBF）成形。

3. 增材制造技术的应用

增材制造技术在国内发展非常迅速，教师可通过视频展示增材制造技术的应用实例，也可让学生上网查阅相关资料，了解增材制造技术在各个行业的应用。

第十三章　机械加工工艺规程

一、教学内容分析

本章共有五节内容。

第一节主要讲授了机械加工工艺规程中的基本概念，目的是让学生了解生产过程和工艺过程的概念和内容，了解生产的纲领和类型，了解机械加工工艺文件的类型、内容和作用。

第二节主要讲授了基准选择，目的是让学生了解基准的概念及分类，掌握定位基准的选择。

第三节主要讲授了工艺路线的拟定，目的是让学生了解机械加工常用毛坯的种类、形状与尺寸，了解机械零件基本表面的加工方法，了解各加工阶段的任务和划分加工阶段的目的，了解工序划分的原则和方法，了解零件加工顺序的安排原则，了解机床和工艺装备的选择，了解时间定额的确定。

第四节主要讲授了加工余量的确定，目的是让学生了解加工余量、工序余量、加工总余量的概念及关系，了解影响加工余量的因素，掌握确定加工余量的方法和原则。

第五节主要讲授了工序尺寸及其公差的确定，目的是让学生了解基准重合与基准不重合时工序尺寸及其公差的计算方法，掌握工艺尺寸链的概念、特征、组成及计算公式，掌握工艺尺寸链封闭环的选择，学会计算工序尺寸及其公差。

通过本章的教学，使学生了解机械加工工艺规程的基本概念，掌握基准的选择、工艺路线的拟定、加工余量的确定、工序尺寸及其公差的确定，并初步具备制定和实施机械加工工艺、分析实际生产问题的能力。

二、教学建议

1. 机械加工工艺规程是本教材的重点内容，其中基本概念、基准的选择、工艺路线的拟定、加工余量的确定和工序尺寸及其公差的确定是本章的教学重点。掌握了这些知识，一个机械零件合理的加工工艺路线就会非常清晰，制定出的规程自然正确，由此选择的毛坯材料、拟定的工艺路线等更加实用、经济。建议教师在教学中对这几方面的内容加以重视，尽可能联系实际引导、启发学生，让他们加深理解、融会贯通。

2. 机械零件工艺路线的拟定是本章的教学难点。这需要教师对机械加工工艺过程的相关工艺知识、常用加工方法的特点等有比较系统的深入理解，对如何保证零件质量要求能从工艺流程整体上进行统筹把握。建议教师在做好教学重点内容讲解的基础上，运用多媒体教学手段或带领学生深入车间，加深学生对零件加工工艺过程的感性认识。

§13–1 基 本 概 念

一、教学目标

1. 了解生产过程与工艺过程的基本概念和相关知识。
2. 了解生产纲领的定义及计算公式。
3. 了解生产类型的划分及不同生产类型的工艺特征。
4. 了解机械加工工艺文件的形式及应用。

二、教学重点与难点

1. 教学重点

（1）生产过程和工艺过程。

（2）生产纲领和生产类型。

（3）机械加工工艺文件。

2. 教学难点

（1）工艺过程。

（2）机械加工工艺文件。

三、教学设计与建议

机械加工工艺规程是规定产品或零部件机械加工工艺过程和操作方法的工艺文件，是一切有关技术生产人员都应严格执行的工艺文件。生产规模的大小、工艺水平的高低以及解决各种工艺问题的方法和手段都要通过机械加工工艺规程来体现。本节涉及的基本概念较多，规范性强，是本章课程体系的基础理论。教学时，建议教师先通过带领学生参观某一产品的生产过程或播放相关的视频资料，让学生对工件的生产过程有较为感性的认识。

（一）复习提问

教师引导学生复习上一章所学知识，并回答下列问题。

1. 常见的增材制造方法有哪几种？

2. 简述增材制造的基本工艺过程。

（二）新课导入

教师向学生展示毛坯材料和台阶轴成品，组织学生讨论如何将毛坯材料变成台阶轴成品，根据学生的讨论，教师引出生产过程的概念，由此引入新课。

（三）探究新知

1. 生产过程和工艺过程

（1）生产过程

机械产品的生产过程是将原材料转变为成品的全过程。讲解时教师可联系生产实际，通过列举实际生产案例的方式使学生了解生产过程所包括的内容，以加深理解。

（2）工艺过程

工艺过程是指在生产过程中，改变生产对象的形状、尺寸、相对位置或性质等，使其成为成品或半成品的过程，它是生产过程的重要组成部分。在学生对生产过程有了感性认识的基础上，进一步讲解生产过程和工艺过程的组成和相互间的关系，使学生对工艺过程有比较清楚的了解。

在教学中主要针对机械加工工艺过程进行具体介绍。建议讲解过程中对于工序、安装、工位、工步、进给等工艺内容进行具体介绍，不要仅停留于讲解概念定义上，应通过现场参观、实例讲解来加深学生对相关概念的理解和掌握。

1）工序。学习工序的概念，应着重理解和掌握以下几点。

①工序是工艺过程的基本单元，也是编制生产计划和进行成本核算的基本依据。

②划分工序的依据是工作地是否发生变化和工作是否连续。

③当加工数量不同时，其工艺过程的工序划分也不同。在单件、小批量生产时，工序相对集中，用一道工序；在大批量生产时，工序相对分散。如教材表 13–1 中单件、小批量生产时工序 2 的加工任务与教材表 13–1 中大批量生产时工序 2 至工序 3 的加工任务是一样的，加工设备也没有发生变化。但车一端外圆、槽与倒角和车另一端外圆、槽与倒角的工作分别进行，已不是由一个工人在一台机床上完成，生产过程也不再连续，所以工序的划分由原来的一道变成了两道。

2）安装。工艺过程中的安装与一般所指的安装在含义上有所不同，教师讲解安装概念时应注意以下几点。

①安装与装夹的区别。工艺过程中，将工件在机床上或夹具中定位、夹紧的过程称为装夹；而工件（或装配单元）经一次装夹后所完成的那一部分工序称为安装。在一道工序中，工件可能安装一次或多次才能完成加工。工件在加工前，确定工件在机床上或夹具中占有正确位置的过程称为定位。工件定位后将其固定，使其在加工过程中保持定位位置不变的操作称为夹紧。

②应尽可能地减少工序中安装的次数，一个工序可以只包含一次安装也可以包含多次安装。工序中多一次安装就会增加安装时间，还会增大装夹误差。在批量生产中，为减少工序中安装的次数，常采用转位（或移位）夹具实现多工位加工。

3）工位。讲解工位时，教师应结合工序、装夹的概念进行阐述，为了完成一定的工序部分，一次装夹工件后，工件（或装配单元）与夹具或设备的可动部分一起相对刀具或设备的固定部分所占据的每一个位置，称为工位。结合教材图 13–2，讲解在普通立式钻床上钻法兰盘的四个等分轴向孔的工序包括一次安装、四个工位，使学生明白工序、工位、安装的区别与联系。

4）工步。工步是工序的一部分。讲解工步的概念，应着重理解和掌握以下几点。

①划分工步的依据是加工表面和加工工具是否变化。改变其中任意一个要素或两个要素同时改变，即成为另一个工步。

②为简化工艺文件，对在一次安装中连续进行若干个相同的工步，通常看作一个工步。

③几把刀具同时参与切削，该工步称为复合工步。

④在数控加工中，通常将一次安装下用一把刀具连续切削工件上的多个表面划分为一个工步。

教师可结合教材图 13–3、图 13–4、图 13–5、图 13–6 讲解以上内容，增强学生对工步的理解。

5）进给。在一个工步内，若被加工表面需切除的余量较大，可分几次切削，每次切削称为一次进给。教师讲解时，结合教材图 13–7 中车削台阶轴案例，引导学生区分工步和进给的区别，并让学生明确进给的概念。

2. 生产纲领和生产类型

（1）生产纲领

企业在计划期内应当生产的产品产量和进度计划称为生产纲领。计划期通常为一年，所以生产纲领又称年产量。教师可结合企业的生产实际进行举例，便于学生理解。对于备品和废品的数量计算公式，教师可以引导学生分析常见机械产品的生产情况来理解公式中参数的含义。

（2）生产类型

生产类型是生产结构类型的简称，是产品的品种、产量，生产的专业化程度，在技术、组织、经济效果等方面的综合表现。教师应讲清楚生产类型的种类，强调如下内容：成批生产根据批量的大小，分为小批生产、中批生产和大批生产；小批生产工艺过程的特点与单件生产相似，大批生产工艺过程的特点与大量生产相似；中批生产工艺过程的特点则介于单件、小批生产与大量、大批生产之间。对于这部分教学内容，重点是在讲清生产类型种类的前提下，对不同生产类型的工艺特征进行分析讲解。

3. 机械加工工艺文件

工艺文件是指导工人操作和用于生产、工艺管理的技术文件，机械加工工艺文件的基本格式有三种：机械加工工艺过程卡、机械加工工艺卡、机械加工工序卡。三种基本格式的详细程度、适用场合等各有不同，可根据教材表 13–4、表 13–5 和表 13–6，结合实例集中进行讲解，让学生理解三种文件形式的不同和特点。

在这一教学过程中，要注意讲清楚工艺规程在生产中的重要作用，强调在生产中必须严格执行工艺规程的各项规定。在许多情况下，一个工件或产品的工艺过程并不是唯一的，但在一定的生产条件下，总是存在着一个（或几个）相对最佳的合理方案。通常将比较合理的工艺过程确定下来，写成工艺规程，作为组织生产和进行技术准备的依据。工艺规程是由一系列工艺步骤组成的，将工艺步骤的内容填入一定格式的卡片，即成为不同形式的机械加工工艺文件。

教师讲解时不但要讲清楚每种工艺文件的用途、形式和内容，还应从零件图提供的工件结构特征、技术参数和工件加工的工艺类型入手进行比较深入的分析，引导学生结合相应的工艺文件，按步骤进行分析解读，并最好在此基础上对该工件机械加工工艺过程中顺序的安排、工艺装备的选取等内容进行必要的解析，以加深学生对工艺过程和工艺文件指导作用的理解。选取一个较简单的工件或工件的某一工序，通过课堂讨论的方式引导学生完成工艺卡或工序卡的填写，加强学生对生产工艺文件内容的了解和识读能力。

机械加工工艺文件的格式在不同行业、不同企业的应用有所不同。目前，机械加工工艺规程还没有统一的格式，由各企业、工厂根据产品和工件的复杂程度、生产类型和技术、生产及质量管理水平自行拟定，因而这些工艺规程繁简不一、形式各异，但所有工艺规程都必须包含原始条件、工艺过程、审批内容及更改记录四方面的内容。其中，审批内容中的会签栏是技术、生产管理中横向联系和协调的需要。例如，机械加工工艺过程中的热处理和表面处理要求、需要其他车间协助完成的某些机械加工工序要求等必须经技术认可会签。更改记录中的各项内容或文件内容应采取“划改”（保持更改前的内容清晰可辨）而不允许使用“涂改”。

§13–2　基准的选择

一、教学目标

1．了解基准的概念及分类。

2．了解粗基准与精基准的选择原则。

二、教学重点与难点

1．教学重点

（1）基准的概念及分类。

（2）定位基准的选择。

2．教学难点

（1）粗基准的选择原则。

（2）精基准的选择原则。

三、教学设计与建议

1．本节主要讲授基准的概念、分类和定位基准的选择，在讲授时首先要让学生明确基准的概念，在此基础上结合教材图 13–8、图 13–9、图 13–10、图 13–11、图 13–12，采用启发引导的教学方法，讲解不同类型的基准。教师讲授关键知识点后引导学生说出不同基准的概念，增加学生的学习参与度。

2．合理地选择定位基准对保证加工精度和确定加工顺序都有决定性影响。针对定位基准的选择原则，教师可结合生产实际或通过列举案例的方式，讲解粗基准与精基准的选择原则，加强学生对理论性知识的理解。

（一）复习提问

教师引导学生复习上一节所学知识，并回答下列问题。

1. 机械加工工艺过程是由什么组成的？

2. 简述生产类型的概念及分类。

3. 简述机械加工工艺文件的常用类型及其应用。

（二）新课导入

教师通过多媒体课件展示某台阶轴零件图，引导学生观察台阶轴的形状，并提出“如何确定台阶轴上不同几何要素的几何关系？”等问题，引起学生的思考和讨论。教师结合对台阶轴零件图的分析，引出基准的定义，引入新课。

（三）探究新知

1. 基准的概念及分类

（1）基准的概念

教师可通过分析零件表面间的各种相互依赖关系引出基准的概念。让学生知道基准就是用来确定生产对象上几何要素的几何关系所依据的那些点、线、面。

（2）基准的分类

根据功用的不同，基准可分为设计基准和工艺基准两大类。按作用不同，工艺基准可分为工序基准、定位基准、测量基准和装配基准。

1）设计基准。设计基准的正确与否关系到产品工艺结构的合理性和技术性能的先进性，也是机械加工中重要的技术基础。考虑到其在机械加工工艺过程中的作用，教学中只要讲清概念，让学生了解即可，不必做深入的探究。

2）工艺基准。工艺基准中的工序基准和定位基准在零件加工工艺规程中贯穿始终，对制定合理正确的工艺路线、保证产品质量、降低生产成本、提高生产效率具有全局性、关键性的作用，教学中应作为重点内容。教师在讲解概念的同时，理论联系实际，运用多媒体或案例教学，引导学生加深对相关概念的理解，结合案例提出问题，启发学生思考分析。

正确的测量基准可以保证顺利、准确测量零件的精度，有利于整个工件的加工工序顺利进行，客观真实地反映产品质量。装配基准关系到产品的装配精度和质量，对实现产品的设计性能、技术指标十分重要。这是教师讲授测量基准和装配基准概念及其应用时需要把握的基本认识。

2. 定位基准的选择

定位基准的选择，教师要结合教材中的几个实例，将粗、精加工时的选择原则和辅助基准的选择原则讲清讲透。如果有条件可进一步联系实际，将学生看得见摸得着的零件加工实例补充到该部分的教学中。让学生明白，定位基准的选择合理与否，将直接影响工件的加工工艺。基准选择不当，往往会增加工序，使工艺路线不合理，或使夹具设计困难，甚至达不到工件的加工精度（特别是位置精度）要求。

（1）粗基准的选择原则

让学生明白，选择粗基准时，必须达到以下两个基本要求：其一，要保证所有加工表面都有足够的加工余量；其二，应保证工件加工表面和不加工表面之间有一定的位置精度。具体可按下列原则选择。

1）相互位置要求原则。教师结合教材中的示例进行讲解，让学生了解应选取与加工表面相互位置精度要求较高的不加工表面作为粗基准，以保证不加工表面与加工表面的位置要求。

2）加工余量合理分配原则。教师结合教材中的示例进行讲解，让学生了解对于全部表面都需要加工的零件，应该选择加工余量最小的表面作为粗基准，这样不会因为位置偏移而造成余量太小的部位加工不出来。

3）重要表面原则。教师通过床身导轨加工粗基准的选择实例，说明为保证重要表面的加工余量均匀，应选择重要加工面为粗基准。

4）不重复使用原则。教师强调粗基准一般不应重复使用，并通过教材中的实例，说明若重复使用粗基准，会导致相应加工表面出现较大的位置误差。

5）便于工件装夹原则。教师让学生了解，作为粗基准的表面，应尽量平整、光滑，没有飞边、冒口、浇口或其他缺陷，以便使工件定位准确、夹紧可靠。

（2）精基准的选择原则

让学生明白，精基准选择考虑的重点是如何保证工件的加工精度，并使工件装夹准确、可靠、方便，以及夹具结构简单。选择精基准一般应遵循下列原则。

1）基准重合原则。教师结合教材实例讲解基准重合原则的概念，并让学生了解采用基准重合原则可以避免由定位基准与设计基准不重合而引起的定位误差（基准不重合误差）。

2）基准统一原则。教师通过轴类工件以两中心孔定位加工各台阶外圆表面为例，讲解基准统一原则。并让学生了解，基准统一原则可保证各加工表面间的相互位置精度，避免或减少因基准转换而引起的误差。

3）自为基准原则。教师通过机床导轨面加工实例，讲解自为基准原则，并让学生了解采用自为基准原则时，只能提高加工表面本身的尺寸精度、形状精度，而不能提高加工表面的位置精度，加工表面的位置精度应由前道工序保证。

4）互为基准原则。教师通过轴承座加工实例，讲解互为基准原则。

5）便于装夹原则。让学生了解所选精基准应能保证工件定位准确、稳定，装夹方便、可靠。

（3）辅助基准的选择

教师讲解辅助基准的概念，并通过教材实例说明辅助基准的用途。

§13–3　工艺路线的拟定

一、教学目标

1．了解毛坯的种类及选择。

2．了解不同表面的加工方案及影响表面加工方法选择的因素。

3．掌握加工阶段的任务及划分加工阶段的目的。

4．掌握工序划分的原则及方法。

5．掌握加工顺序的安排。

6．了解机床和工艺设备的选择。

7．了解时间定额的确定。

二、教学重点与难点

1．教学重点

（1）毛坯的选择。

（2）加工方法的选择。

（3）加工阶段的划分。

（4）工序的划分。

（5）加工顺序的安排。

（6）机床和工艺装备的选择。

（7）时间定额的确定。

2．教学难点

（1）加工顺序的安排。

（2）时间定额的确定。

三、教学设计与建议

为了保证工件的加工质量、生产效率和经济性，就要求合理安排工艺路线，将零件加工工艺路线划分为几个阶段，并在不同阶段和不同精度要求的表面加工中选择合理的加工方法。充分利用图表、课件及视频资料来介绍典型表面的加工方案和不同加工方案的适用条件。这些典型表面所涉及的加工方法和设备在前面的章节中都已学习过，所以教学中可以采用与学生互动的方式进行讲解。

（一）复习提问

教师引导学生复习上一节所学知识，并回答下列问题。

1. 什么是工艺基准？工艺基准可分为哪几类？
2. 选择粗基准时一般应遵循哪些原则？
3. 选择精基准时一般应遵循哪些原则？

（二）新课导入

教师通过多媒体课件展示台阶轴、轴承套、减速器箱体等不同类型零件的图样，引导学生讨论这些零件的加工方法和所用设备，让学生了解零件类型不同，采用的加工设备及加工方法也不同，由此引入新课。

（三）探究新知

工艺路线的拟定需要考虑多方面因素，可围绕生产合格产品统筹兼顾、综合平衡，寻求正确、合理、可行、经济的方案。

1. 毛坯的选择

毛坯的选择包括毛坯种类的选择和毛坯形状与尺寸的选择。

建议教师在讲解基本知识的同时，能结合具体的零件，立足确保产品设计要求和现有生产技术条件两个方面，展开相关内容的教学。如箱体类、机床床身等形状复杂且有一定性能要求的零部件，只能考虑用铸造的方法获得，这就是从满足产品设计要求角度出发的。而铸造的方法采用砂型铸造就可以了，这是从现有生产技术条件角度考虑的。举一反三，其他知识的讲授同样如此。

毛坯的选择对零件的质量、材料的消耗及加工时间都有直接影响。在选择时应综合考虑毛坯制造和机械加工的成本，力求经济效益最大化。讲解这部分内容对教师的知识面、生产实践经验都有较高的要求。

2. 加工方法的选择

（1）外圆表面加工方法的选择

教材表 13–7 列出了外圆表面的典型加工方案，教师可采用对比法分析表中适用范围相同的加工方案的经济精度等级和表面粗糙度值。通过对比讲解，使学生明确外圆表面加工方法的选择依据。可根据加工表面所要求的尺寸精度和表面粗糙度、毛坯种类和材料性质、零件的结构特点以及生产类型，并结合现有的设备等条件予以选用。

（2）内孔表面的加工方法的选择

教材表 13–8 列出了常用的孔加工方案，教师可采用对比法分析表中适用范围相同的加工方案的经济精度等级和表面粗糙度值。通过对比讲解，使学生明确内孔表面加工方法的选择依据。应根据被加工孔的加工要求、尺寸、具体生产条件、批量的大小及毛坯上有无预制孔等情况合理选用。

（3）平面加工方法的选择

教材表 13–9 列出了常用的平面加工方案，教师可采用对比法分析表中适用范围相同的加工方案的经济精度等级和表面粗糙度值。通过对比讲解，使学生明确平面的主要加工方法有铣削、刨削、车削、磨削和拉削等，精度要求高的平面还需要经研磨或刮削加工。

（4）平面轮廓和曲面轮廓加工方法的选择

结合教材图 13–21 平面轮廓类零件和教材图 13–22 立体曲

面的“行切法”加工示意图，讲解平面轮廓和曲面轮廓加工方法的选择，并使学生明确以下两点。

1）平面轮廓常用的加工方法有数控铣、线切割及磨削等。

2）立体曲面加工方法主要是数控铣削，多用球头铣刀，以“行切法”加工。

（5）影响表面加工方法选择的因素

这部分理论性内容很强，教师讲解时可强调以下几点。

1）任何一种加工方法获得的加工精度和表面粗糙度都有一个相当大的范围，但只有在某一个较窄的范围内才是经济的，这一定范围内的加工精度即为该加工方法的经济加工精度。

2）要考虑工件的结构和尺寸大小。

3）要考虑生产效率和经济性要求。

4）要考虑企业或车间的现有设备情况和技术条件。

3. 加工阶段的划分

（1）加工阶段的任务

加工阶段可划分为荒加工、粗加工、半精加工、精加工和光整加工五个阶段，建议教师从分析划分加工阶段的原因入手，讲清楚各加工阶段的任务和意义。

在拟定工件工艺路线时，一般应遵守划分加工阶段这一原则，但具体应用时还要根据工件的情况灵活处理。例如，对于精度和表面质量要求较低而工件刚度足够、毛坯精度较高、加工余量较小的工件，可不划分加工阶段。又如一些特大型工件，若加工精度不高，则可一次装夹完成加工，避免烦琐的多次安装和运输。

还需指出的是，将工艺过程划分成几个加工阶段是对整个加工过程而言的，不能单纯从某一表面的加工或某一工序的性质来判断。例如工件的定位基准，在半精加工阶段甚至在粗加工阶段就需要加工得很准确，而在精加工阶段中安排某些钻孔之类的粗加工工序也是常有的。

（2）划分加工阶段的目的

学习加工阶段划分的目的时，教师可引导学生分析如果不划分加工阶段会出现的一些问题来引出划分加工阶段的目的，并应强调以下几点。

1）不是所有工件都要机械地划分为五个加工阶段，一些简单的工件可以不划分加工阶段，一些加工余量小的毛坯件可以省略粗加工阶段。

2）加工阶段的划分，对于工件上各个表面的加工并不需要同步，一些非主要表面可能在粗加工中就已达到加工要求，有些表面则不经粗加工而在半精加工或精加工阶段即可一次完成。

3）在工件的加工工艺过程中，加工阶段之间常以热处理工序为界进行区分。这在粗精加工工序之间、提高零件的力学性能前后应用得比较普遍。

4. 工序的划分

（1）工序划分的原则

所谓工序集中原则就是整个工艺过程中所安排的工序数量最少，即在每道工序上所加工的表面数量最多，集中到极限时，一道工序就能把工件加工到图样规定的要求。而工序分散原则却正好相反，安排工序数量多，每道工序加工的表面数量少，分散到极限时，一道工序上只包括一个简单工步的内容。

教材中这部分内容除了概念还有工序集中与分散的特点，教师讲解时应考虑其他方面的知识如企业类型、生产批量等，结合实例融会贯通。如教材表 13–1 中台阶轴单件小批量生产时，两道工序就把台阶轴的粗车完成了，而在教材表 13–1 中台阶轴大批量生产时，完成同样的加工任务则需要三道工序。引入这样的例子后，有利于学生加深对工序集中、工序分散的理解，与此相联系的其他知识点进一步得到温习和巩固，如生产类型及其工艺特征等。

（2）工序划分的方法

在讲解清楚工序集中和工序分散原则的基础上，教师针对零件的加工设备、加工数量、尺寸、位置精度要求等情况分类讲解工序的划分方法，具体讲解时可先讲解其中一种工序划分方法，使学生理解选择工序划分方法的原则，再引导学生通过对比的方式学习另一种情况应选择的工序划分方法。

5. 加工顺序的安排

加工顺序的安排是以划分加工阶段为前提的。工序顺序的安排包括切削加工工序的安排、热处理工序的安排、辅助工序的安排。切削加工工序的安排一般应遵循基面先行、先粗后精、先主后次、先面后孔、先内后外的原则。这是生产经验的总结和升华，建议教师能举例进行讲解，以免生硬和枯燥。热处理工序的安排应结合零件的技术要求、热处理的目的进行讲解和介绍，这需要教师有比较丰富的工艺知识和经验。辅助工序的安排比较好理解，让学生了解即可。

6. 机床和工艺装备的选择

在拟定了零件的加工工艺路线后，便明确了各工序的任务，然后就可以确定各工序所使用的机床和工艺装备。在讲解完前面任务的基础上，教师可先结合前面章节中关于机床的学习，引导学生分析选择机床应考虑的因素，再总结选择机床其实就是选择机床的类型、主要规格和机床精度。同样，工艺装备的选择主要包括夹具的选择、刀具的选择、量具的选择。

7. 时间定额的确定

关于时间定额的确定，教师首先要讲清时间定额的概念，并强调它是安排生产计划、计算生产成本的重要依据，还是新建或扩建企业（或车间）时计算设备和工人数量的依据。

完成一个零件的一道工序的时间定额称为单件时间定额。包括下列几部分。

（1）基本时间 T_j。

（2）辅助时间 T_f。

（3）布置工作场地时间 T_b。

（4）休息和生理需要时间 T_x。

（5）准备和终结时间 T_e。

讲解单件时间定额时，由于理论性较强，教师可引导学生明确单件时间定额各组成部分的概念即可。

§13–4 加工余量的确定

一、教学目标

1. 掌握加工余量、工序余量和加工总余量的概念及关系。
2. 了解影响加工余量的因素。
3. 掌握确定加工余量的方法。
4. 熟悉确定加工余量的原则。

二、教学重点与难点

1. 教学重点

（1）加工总余量和工序余量。

（2）影响加工余量的因素。

（3）确定加工余量的方法。

（4）确定加工余量的原则。

2. 教学难点

影响加工余量的因素。

三、教学设计与建议

加工余量和工序尺寸的确定实用性强，建议教师授课时结合教材中的图片，并适当补充教学案例。

（一）复习提问

教师引导学生复习上一节所学知识，并回答下列问题。

1. 选择毛坯种类时应考虑哪些因素？

2. 应如何选择表面加工方法？

3. 影响表面加工方法的因素有哪些？

4. 为什么要划分加工阶段？

5. 加工顺序的安排包含哪些方面？

（二）新课导入

教师通过多媒体课件展示毛坯尺寸和零件图样尺寸，引导学生观察两者的区别，思考这两类尺寸不同的原因，引出加工余量的概念，引入新课。

（三）探究新知

1. 加工总余量和工序余量

（1）确定工序余量的基本依据是：保证加工表面经加工后不再留有前工序的加工痕迹和缺陷，在满足这一要求的前提下，工序余量越小越好。这里所说的前工序是指本工序所加工表面上一次被加工时的那道工序，而不是工艺过程中顺序上的前面那道工序。

（2）由于毛坯制造和切削加工都存在加工误差，对于成批工件来说，其工序余量是变化的，因此，加工余量有基本余量、最大工序余量和最小工序余量之分。

（3）计算工序余量时，要注意加工表面的属性即被包容面和包容面的区分。被包容面与包容面是相对于外圆表面和内孔表面加工特性而言的。被包容面相当于外圆表面，经加工后工序尺寸减小；包容面相当于内孔表面，经加工后工序尺寸增大。

2. 影响加工余量的因素

教师应让学生明确加工余量的大小对零件的加工质量和制造的经济性有较大的影响，并分析加工余量过大或过小对零件加工质量的影响。引出影响加工余量大小的因素。

由于影响加工余量大小的因素理论性较强，讲解时可结合教材中图片分析其计算公式。

3. 确定加工余量的方法

加工余量的确定方法，目前主要采用查表修正法。在查表确定工序余量时，应注意区分单边余量与双边余量。对于经验估算法和分析计算法可让学生做了解即可。

4. 确定加工余量的原则

讲解本部分内容时，教师可引导学生结合生产实际案例进行学习，并明确以下几点。

（1）加工总余量（毛坯余量）和工序余量要分别确定。

（2）大零件取大余量。

（3）余量要充分，防止因余量不足而造成废品。

（4）采用最小加工余量原则。

§13–5 工序尺寸及其公差的确定

一、教学目标

1. 了解工序尺寸及其公差的概念。
2. 了解工序尺寸及其公差的确定方法。
3. 掌握基准重合时工序尺寸及其公差的计算步骤。
4. 掌握工艺尺寸链的概念、特征及组成。
5. 掌握工艺尺寸链的计算。
6. 掌握工艺尺寸链封闭环的选择原则。

二、教学重点与难点

1. 教学重点

（1）基准重合时工序尺寸及其公差的计算。

（2）基准不重合时工序尺寸及其公差的计算。

2. 教学难点

（1）工艺尺寸链计算的基本公式。

（2）工艺尺寸链封闭环的选择。

三、教学设计与建议

工序尺寸的确定实用性强，建议采用案例教学法。教材中给出了相应的案例，可作为重点内容加以讲解。

（一）复习提问

教师引导学生复习上一节所学知识，并回答下列问题。

1. 加工总余量和加工余量之间有何关系？
2. 影响加工余量大小的因素有哪些？
3. 确定加工余量的方法有哪些？

（二）新课导入

教师结合前面学习的车削加工知识，引导学生简要概述零件的车削加工过程，讨论“零件的最终尺寸是由什么确定的？零件加工过程中，应如何控制工序中的尺寸和相应的公差？”引出工序尺寸及其公差的概念，引入新课。

（三）探究新知

教师应首先让学生明确影响工序尺寸及其公差的确定因素有多种，因此，计算工序尺寸及公差时，应根据不同的情况采用不同的方法。

1. 基准重合时工序尺寸及其公差的计算

教师应通过讲授的方式，让学生明确基准重合时工序尺寸及其公差直接由各工序的加工余量和所能达到的精度确定。关于具体计算步骤，教师可先结合教材中例 1 和例 2 进行讲解，再总结具体计算步骤。

2. 基准不重合时工序尺寸及其公差的计算

工艺尺寸链的计算是本节的难点。教师首先向学生强调，基准不重合时工序尺寸及其公差的确定需要借助于工艺尺寸链的基本知识和计算方法，通过解算工艺尺寸链才能获得，引出工艺尺寸链的相关内容。

（1）工艺尺寸链

1）工艺尺寸链的概念。教师可通过多媒体展示图片的方式向学生展示工艺尺寸链，在此基础上结合教材图 13–29 和图 13–30 向学生分析定位基准与设计基准不重合的工艺尺寸链和测量基准与设计基准不重合的工艺尺寸链。

结合对教材图 13–29 和图 13–30 的分析，教师向学生总结工艺尺寸链具有关联性和封闭性两个特征。

把组成工艺尺寸链的各个尺寸称为环。教材图 13–29 和图 13–30 中的尺寸 A_1、A_2、A_Σ 都是工艺尺寸链的环。教师讲解工艺尺寸链的环可分为封闭环和组成环两种，并结合教材中的图片讲解增环和减环的定义及判别方法。

2）工艺尺寸链计算的基本公式。工艺尺寸链的计算方法有极大极小法和概率法两种。生产中一般多采用极大极小法。其基本计算公式包括以下部分。

①封闭环的公称尺寸。封闭环的公称尺寸A_Σ 等于所有增环的公称尺寸 A_i 之和减去所有减环的公称尺寸 A_j 之和，即

$$A_\Sigma = \sum_{i=1}^{m} A_i - \sum_{j=1}^{n} A_j$$

式中　m——增环的环数；

　　　n——减环的环数。

②封闭环的极限尺寸。封闭环的上极限尺寸$A_{\Sigma\max}$等于所有增环的上极限尺寸 $A_{i\max}$ 之和减去所有减环的下极限尺寸 $A_{j\min}$ 之和，即

$$A_{\Sigma\max} = \sum_{i=1}^{m} A_{i\max} - \sum_{j=1}^{n} A_{j\min}$$

封闭环的下极限尺寸$A_{\Sigma\min}$ 等于所有增环的下极限尺寸 $A_{i\min}$

之和减去所有减环的上极限尺寸 $A_{j\max}$ 之和，即

$$A_{\Sigma\min}=\sum_{i=1}^{m}A_{i\min}-\sum_{j=1}^{n}A_{j\max}$$

③封闭环的上、下极限偏差。封闭环的上极限偏差 $ES_{A\Sigma}$ 等于所有增环的上极限偏差 ES_{Ai} 之和减去所有减环的下极限偏差 EI_{Aj} 之和，即

$$ES_{A\Sigma}=\sum_{i=1}^{m}ES_{Ai}-\sum_{j=1}^{n}EI_{Aj}$$

封闭环的下极限偏差 $EI_{A\Sigma}$ 等于所有增环的下极限偏差 EI_{Ai} 之和减去所有减环的上极限偏差 ES_{Aj} 之和，即

$$EI_{A\Sigma}=\sum_{i=1}^{m}EI_{Ai}-\sum_{j=1}^{n}ES_{Aj}$$

④封闭环的公差。封闭环的公差 $T_{A\Sigma}$ 等于所有组成环的公差 T_{Ai} 之和，即

$$T_{A\Sigma}=\sum_{i=1}^{m+n}T_{Ai}$$

讲解本部分内容时，教师首先应让学生理解以上四部分的定义，然后再讲解计算公式。

（2）工艺尺寸链封闭环的选择

工艺尺寸链封闭环的选择原则较多，讲解时教师应尽可能地为学生分析选择的原因，便于学生理解。

（3）工序尺寸计算示例

1）定位基准与设计基准不重合时的工序尺寸计算。教师强调如果加工表面的定位基准与设计基准不重合，就要进行尺寸换算，并重新标注工序尺寸，并结合教材中例 3 讲解计算步骤。

2）数控编程原点与设计基准不重合的工序尺寸计算。教师强调当编程原点与设计基准不重合时，为方便编程，必须将分散标注的设计尺寸换算成以编程原点为基准的工序尺寸，结合教材图 13–32 的案例讲解计算步骤。

第十四章 典型零件的加工工艺

一、教学内容分析

本章共有四节内容。

第一节主要讲授了轴类零件的加工工艺，目的是让学生了解轴类零件的功用、结构及技术要求，了解轴类零件的材料及毛坯，了解轴类零件的加工工艺分析，能理解传动轴的加工工艺过程，学会编制轴类零件的加工工艺。

第二节主要讲授了套类零件的加工工艺，目的是让学生了解套类零件的功用、结构及技术要求，了解套类零件的材料及毛坯，了解套类零件的加工工艺分析，能理解轴承套的加工工艺过程，学会编制套类零件的加工工艺。

第三节主要讲授了箱体类零件的加工工艺，目的是让学生了解箱体类零件的功用、结构及技术要求，了解箱体类零件的材料和毛坯，能进行箱体类零件的加工工艺分析，了解箱体类零件上的孔系加工，了解箱体类零件的基本加工工艺过程，能编写方箱体组合件的加工工艺过程。

第四节主要讲授了圆柱齿轮的加工工艺，目的是让学生了解圆柱齿轮的精度等级及其选用，了解圆柱齿轮齿坯及齿形的加工工艺，能理解成批生产双联齿轮和小批量生产圆柱齿轮的加工工艺，学会编制圆柱齿轮的加工工艺。

通过本章的教学，使学生对加工工艺过程中加工方法的选择及工艺顺序的安排等内容有比较完整的了解，加深学生对零件加工工艺过程的理解，并初步具备编制零件加工工艺的能力。

二、教学建议

1．本章选取了轴类、套类、箱体类和圆柱齿轮四类典型零件，无论是从零件的结构、功用还是加工工艺方面都非常具有代表性，教学中可以通过对这些零件结构特点和功用的讲解，引导学生对这些零件的技术要求展开分析，对定位基准的选择和工艺路线的拟定过程进行分析讨论，从而让学生学会运用所学知识，联系生产实际，熟悉这些典型零件的加工工艺。

2．讲解时，教师引导学生从分析零件结构特点和主要技术要求入手，总结每类零件共性的工艺问题和解决措施，并通过分析生产实例加深理解。

3．教学实例也可结合专业、工种的特点自行选择，也可与第十三章内容有机结合，合并教学。

§14–1　轴类零件的加工工艺

一、教学目标

1．了解轴类零件的功用、结构及技术要求。

2．了解轴类零件的材料及毛坯。

3．了解轴类零件的加工工艺分析。

4．理解传动轴的加工工艺过程，学会编制轴类零件的加工工艺。

二、教学重点与难点

1．教学重点

（1）轴类零件的功用、结构及技术要求。

（2）轴类零件的材料及毛坯。

（3）轴类零件的加工工艺分析。

（4）生产实例分析。

2. 教学难点

生产实例分析。

三、教学设计与建议

1. 对于典型零件加工工艺部分的教学，应充分调动学生学习的主动性。因为对于典型零件加工中涉及的相关工艺知识，学生或多或少都有所了解，只是这些知识对学生而言可能还缺少关联性、条理性和系统性，所以，教师要通过这几个典型零件的加工工艺的讨论分析，将学生所学的知识系统化，让学生对所学知识在生产实践中的应用有综合的了解。在这部分内容的教学过程中教师是否能够调动起学生的学习兴趣，引发他们的思考和讨论，将是决定教学效果的重要因素。

2. 典型零件的加工工艺部分的教学，建议教学过程可分以下几个步骤来完成。

第一步：概述同类零件的主要功用、结构特点和分类情况。

第二步：引导学生从具体典型零件的零件图中读取对加工该零件有用的信息。

第三步：引导学生针对具体典型零件的加工工艺展开分析、讨论。

第四步：展现典型零件的加工工艺过程（最好利用视频资料或仿真动画来实现）。

具体教学步骤如图 14–1 所示。

3. 通过对一般典型零件加工的分析，结合第十三章所学机械加工工艺知识，了解一般典型零件加工中的共性问题。

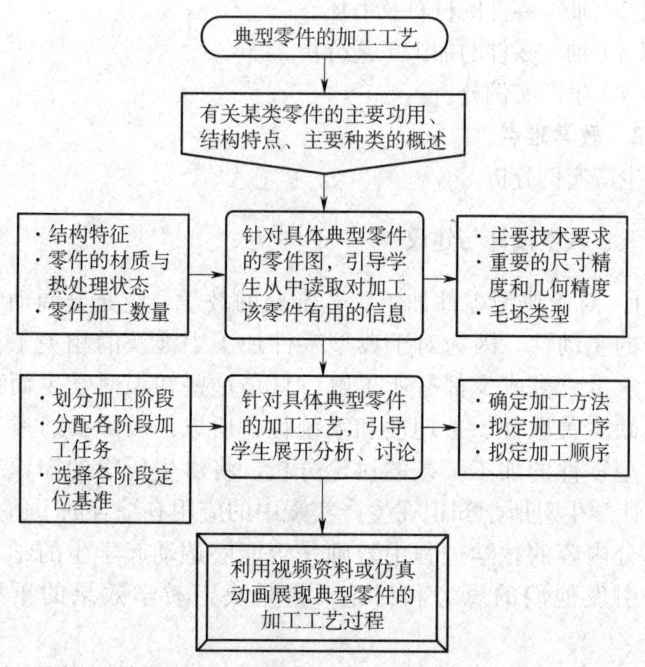

图 14–1　典型零件加工工艺过程教学步骤

（一）复习提问

教师引导学生复习上一章所学知识，并回答下列问题。

1．零件的加工过程通常按工序性质不同分为哪几个阶段？

2．什么是粗基准？选择粗基准的原则有哪些？

3．什么是精基准？选择精基准的原则有哪些？

4．外圆表面的主要加工方法有哪些？

5．加工顺序的安排应遵循哪些原则？

（二）新课导入

"对轴类零件有哪些认识？"教师通过问题入手，引导学生讨论对轴类零件的认识。再通过引导学生识读教材中传动轴的零件图，找出其中的主要技术要求和关键技术问题，通过讨论

“图上有哪些对我们加工该零件有用的资料信息？若要拟定加工路线，首先要加工哪个面，用哪个面来定位装夹比较好？”引起学生对这些问题的思考，引入新课。

（三）探究新知

1. 轴类零件的功用、结构及技术要求

结合学生讨论的结果，教师总结轴类零件的功用、结构。再根据轴类零件的主要功用以及使用条件讲解其技术要求，让学生了解轴类零件的加工精度、表面粗糙度和热处理等主要加工技术要求。

2. 轴类零件的材料及毛坯

教师根据轴类零件的功用、结构，讲解其材料和毛坯的选择。

3. 轴类零件的加工工艺分析

（1）划分加工阶段

引导学生分析轴类零件的加工阶段，让学生明确轴类零件应按照先粗后精的原则，先完成各表面的粗加工，再完成半精加工和精加工，而主要表面的精加工则放在最后进行。

（2）选择定位基准

引导学生讨论轴类零件定位基准的选择，教师再进行总结归纳，让学生了解在轴类零件的加工过程中，常用两中心孔作为定位基准。采用两中心孔定位符合基准重合原则，也符合基准统一原则。

（3）热处理工序的安排

引导学生讨论轴类零件热处理工序的安排，教师再进行总结归纳，让学生了解轴类零件的热处理工序一般可分为预备热处理和最终热处理两大类。

预备热处理包括正火、退火、调质处理和时效处理。通常，正火、退火安排在毛坯制造之后、粗加工之前，时效处理安排在粗加工、半精加工之间，调质处理可安排在粗加工、精加工之间。

最终热处理包括淬火、表面淬火、渗碳和渗氮。通常，最终热处理工序安排在工艺路线后段，在表面最终加工之前进行。氮化前应进行调质处理。

4. 生产实例分析

教师以传动轴为载体进行案例法教学。

（1）结构分析

引导学生分析传动轴零件图样，明确其主要结构要素。

（2）技术要求

引导学生识读传动轴零件图样，明确传动轴关键部位的尺寸精度、表面粗糙度和几何公差等技术要求。

（3）毛坯选用

引导学生分析传动轴的生产批量，确定零件材料和毛坯类型。

（4）加工阶段划分

引导学生分析传动轴的加工阶段，确定各阶段的加工内容。

1）粗加工阶段。车端面，钻中心孔，粗车各处外圆。

2）半精加工阶段。半精车各处外圆，车螺纹，铣键槽等。

3）精加工阶段。修研中心孔，粗、精磨各处外圆。

（5）定位基准选择

引导学生分析传动轴各加工阶段的定位基准，确定粗加工时以外圆表面为定位基准，半精车加工时采用外圆表面和中心孔作为定位基准（即一夹一顶），精加工时采用两中心孔作为定位基准（即两顶尖）。

（6）热处理工序

引导学生制定传动轴的热处理工序。由于传动轴采用的是锻件毛坯，加工前应安排退火，车削螺纹和铣键槽之后、粗磨和精磨之前进行淬火。

（7）传动轴加工工艺

引导学生归纳总结，确定传动轴的加工工艺：锻造毛坯→热处理（退火）→粗车→半精车→车螺纹→铣键槽→热处理（淬火）→粗磨→精磨，培养学生制定轴类零件的加工工艺的能力。

（8）传动轴的加工工艺过程

教师结合视频讲解，激发学生学习兴趣，让学生对传动轴的加工工艺过程有综合的了解，将学生所学知识系统化。

§14–2 套类零件的加工工艺

一、教学目标

1. 了解套类零件的功用、结构及技术要求。

2. 了解套类零件的材料及毛坯。

3. 了解套类零件的加工工艺分析。

4. 理解轴承套的加工工艺过程，学会编制套类零件的加工工艺。

二、教学重点与难点

1. 教学重点

（1）套类零件的功用、结构及技术要求。

（2）套类零件的材料及毛坯。

（3）套类零件的加工工艺分析。

（4）生产实例分析。

2. 教学难点

生产实例分析。

三、教学设计与建议

套类零件以轴承套为载体进行案例法教学。教学方法请参照轴类零件的加工。

（一）复习提问

教师引导学生复习上一节所学知识，并回答下列问题。

1．轴类零件有何功用？

2．轴类零件一般按照什么原则安排加工阶段？按照该原则，轴类零件划分为哪几个加工阶段？

3．简述传动轴的加工工艺。

（二）新课导入

“对套类零件有哪些认识？”教师通过问题入手，引导学生讨论对套类零件的认识。再通过引导学生识读教材中轴承套的零件图样，查找加工套类零件的主要技术要求和关键技术问题，引入新课。

（三）探究新知

1．套类零件的功用、结构及技术要求

结合学生讨论的结果，教师总结套类零件的功用、结构。再根据套类零件的基本功用和使用条件讲解其主要技术要求，让学生了解套类零件的加工精度、表面粗糙度和热处理等加工技术要求。

2．套类零件的材料及毛坯

教师根据套类零件的功用、结构，讲解其材料和毛坯的选用。

3．套类零件的加工工艺分析

（1）保证相互位置精度的工艺措施

引导学生分析保证套类零件位置精度要求的工艺措施，让学生明确加工套类零件时应遵循基准统一原则和互为基准原则，即在一次装夹中完成内孔、外圆及端面的全部加工。当一次装夹不能同时完成内孔和外圆加工时，内孔和外圆的加工采用互为基准、反复加工的原则。

（2）防止套类零件变形的工艺措施

在分析套类零件的变形时，教师可以从导致变形的因素开始分析，针对产生变形的原因采取有效措施。

（3）套类零件在加工时应注意的问题

教师要让学生了解套类零件在加工时，应注意保证内、外表面的同轴度，端面对轴线的垂直度，以及外圆、端面对轴线的跳动要求。可采用一次装夹或以外圆和内孔互为基准的工艺措施保证上述几何公差要求。

4. 生产实例分析

教师以轴承套为载体进行案例法教学。

（1）功用

引导学生分析轴承套的作用，让学生明确轴承套主要起支承或导向作用。

（2）结构

引导学生识读轴承套零件图样，明确其主要结构要素。

（3）技术要求

引导学生识读轴承套零件图样，分析关键部位的尺寸精度、表面粗糙度和几何公差要求。

（4）材料及毛坯

引导学生分析轴承套的材料和毛坯情况。

（5）保证相互位置精度的工艺措施

教师让学生明确保证位置精度是加工轴承套的主要工艺问题之一。可以从定位基准和装夹方法的选择等方面采取措施，尽可能在一次安装中完成内孔、外圆及端面的全部加工。

（6）加工工艺过程分析

引导学生确定轴承套的加工工艺：内孔加工方案为：钻孔→粗车→精车。车内孔时应与左端面一同加工，保证端面与内孔轴线的垂直度，然后以内孔为基准，利用小锥度心轴装夹加工外圆和另一端面，培养学生编制套类零件加工工艺的能力。

（7）轴承套的加工工艺过程

教师结合视频讲解，让学生对轴承套的加工工艺过程有综合的了解，将学生所学知识系统化。

§14–3　箱体类零件的加工工艺

一、教学目标

1．了解箱体类零件的功用、结构及技术要求。
2．了解箱体类零件的材料和毛坯。
3．能进行箱体类零件的加工工艺分析。
4．了解箱体类零件上的孔系加工方法。
5．了解箱体类零件的基本工艺过程。
6．能编写方箱体组合件的加工工艺过程。

二、教学重点与难点

1．教学重点

（1）箱体类零件的功用、结构及技术要求。
（2）箱体类零件的材料和毛坯。
（3）箱体类零件的加工工艺分析。
（4）孔系加工。
（5）箱体类零件的基本工艺过程。
（6）生产实例分析。

2．教学难点

（1）孔系加工。
（2）生产实例分析。

三、教学设计与建议

箱体类零件以方箱体组合件为载体进行案例法教学。教学方法请参照轴类零件的加工。

（一）复习提问

教师引导学生复习上一节所学知识，并回答下列问题。

1. 套类零件的技术要求主要包括哪些方面？

2. 在编制套类零件加工工艺时要解决哪些问题？

3. 套类零件变形的原因有哪些？

4. 应如何设计轴承套内孔的加工方案？

（二）新课导入

“对箱体类零件有哪些认识？”教师通过问题入手，引导学生讨论对箱体类零件的认识。再通过引导学生识读教材中方箱体组合件（也可结合专业、工种的特点自行选择）的零件图样，查找加工箱体类零件的主要技术要求和关键技术问题，引入新课。

（三）探究新知

1. 箱体类零件的功用、结构及技术要求

结合学生讨论的结果，教师总结箱体类零件的功用、结构。再讲解箱体类零件主要平面的几何精度和表面粗糙度，孔的尺寸精度、几何精度和表面粗糙度，主要孔和平面的相互位置精度，让学生了解箱体类零件的技术要求。

2. 箱体类零件的材料和毛坯

教师根据箱体类零件的功用、结构，讲解其材料和毛坯的选用。

3. 箱体类零件的加工工艺分析

（1）选择定位基准

引导学生讨论箱体类零件定位基准的选择，教师再进行讲解，让学生了解加工箱体类零件时应确定粗基准和精基准，前者是为了保证各加工面和孔的加工余量均匀，而后者则是为了保证相互位置精度和尺寸精度。

1）粗基准的选择。让学生了解在实际生产中常以箱体上的主要孔为粗基准，限制四个自由度，辅以内壁或其他毛坯孔为

辅助基准，以达到完全定位的目的。

2）精基准的选择。让学生了解选择箱体类零件精基准时应遵循基准统一原则和基准重合原则。教师讲解两种基准的优缺点，让学生了解在大多数工序中，箱体利用底面（或顶面）及两孔作为定位基准加工其他平面和孔系，可以避免由于基准转换而带来的累积误差；以装配基准平面作为定位基准，避免了基准不重合误差，有利于提高箱体各主要表面的相互位置精度。

（2）加工顺序的安排

教师讲解箱体类零件加工顺序的安排，让学生明确其确定原则：先面后孔的原则、先主后次的原则、粗精加工分开的原则。

（3）热处理工序的安排

教师要让学生了解箱体类零件由于结构原因，加工过程中要通过时效处理消除其内应力。时效处理通常是在铸造和粗加工后进行。

4. 孔系加工

（1）平行孔系的加工

教师通过课件结合教材图 14–11、图 14–12、图 14–13、图 14–14，详细讲解平行孔系的加工方法，让学生了解找正法、镗模法和坐标法的具体操作。

（2）同轴孔系的加工

教师通过课件结合教材图 14–15、图 14–16，详细讲解同轴孔系的加工方法，让学生了解加工箱体上同轴孔的同轴度的保证方法。

5. 箱体类零件的加工工艺过程

教师引导学生讨论，并明确单件、小批量生产和大批量生产箱体类零件的两种基本工艺过程。

6. 生产实例分析

教师以方箱体组合件为载体进行案例法教学。

（1）技术要求

引导学生识读方箱体组合件零件图样，明确零件主要技术要求。

（2）功用与结构

引导学生识读方箱体组合件零件图样，明确方箱体的功用与结构。

（3）定位基准选择

引导学生识读方箱体组合件零件图样，分析定位基准的选择，明确加工时，以方箱体基准面 *A*、*B*、*C* 作为测量基准和定位基准。

（4）方箱体的加工顺序

引导学生确定方箱体的加工顺序：铸造→退火→刨上、下箱体六个面→人工时效→粗磨上、下箱体的上、下平面及中间接合平面→精磨上、下箱体的中间接合平面→划线→钻孔，攻螺纹，配钻、配铰销孔→粗磨宽度和长度方向的四个面→精磨六面。

（5）方箱体的加工工艺

教师结合视频讲解，让学生对方箱体的加工工艺过程有综合的了解，将学生所学知识系统化。

§14–4　圆柱齿轮的加工工艺

一、教学目标

1．了解圆柱齿轮的精度等级及其选用。

2．了解齿坯及齿形的加工工艺。

3．了解圆柱齿轮加工工艺分析。

二、教学重点与难点

1．教学重点

（1）圆柱齿轮的精度等级及其选用。

（2）齿坯加工及齿形加工。

（3）圆柱齿轮加工工艺分析。

2. 教学难点

圆柱齿轮加工工艺分析。

三、教学设计与建议

以双联齿轮和高精度齿轮为载体进行案例法教学。

（一）复习提问

教师引导学生复习上一节所学知识，并回答下列问题。

1. 箱体的结构形式虽然多种多样，但其共同之处有哪些？

2. 箱体利用底面（或顶面）及两孔作为定位基准时，保证了几个自由度？

3. 加工箱体同轴孔系时，应如何保证其同轴度？

4. 简述单件、小批量生产箱体类零件的基本工艺过程。

（二）新课导入

"对圆柱齿轮有哪些认识？"教师通过问题入手，引导学生讨论对圆柱齿轮的认识。再通过引导学生识读教材中双联齿轮和高精度齿轮零件图样，查找加工圆柱齿轮的主要技术要求和关键技术问题，引入新课。

（三）探究新知

1. 圆柱齿轮的精度等级及其选用

教师引导学生查阅国家标准 GB/T 10095.1—2022，了解圆柱齿轮的精度等级，再结合教材，让学生了解不同机械传动中圆柱齿轮采用的精度等级。

2. 齿坯加工及齿形加工

教师简要介绍圆柱齿轮的加工工艺路线，让学生了解圆柱齿轮加工的主要内容是齿坯和齿形的加工。

（1）齿坯加工

教师通过课件详细讲解齿坯加工，让学生了解中、小批量生产和大批大量生产齿坯的加工工艺路线。

（2）定位基准的选择

教师讲解齿形加工时定位基准的选择，让学生了解对于小直径的轴齿轮，通常选用中心孔定位；大直径的轴齿轮用轴颈定位，并以一个较大的端面做支承。

（3）齿形加工方法的选择

教师讲解齿形的加工方法，让学生了解常见齿轮的加工工艺路线。

3. 圆柱齿轮加工工艺分析

教师以双联齿轮和高精度齿轮为载体进行案例法教学。

（1）成批生产双联齿轮的加工工艺

引导学生识读双联齿轮零件图样，了解其结构和主要技术参数，教师再结合视频详细讲解，让学生对双联齿轮的加工工艺过程有综合的了解，将学生所学知识系统化。

（2）小批量生产高精度齿轮的加工工艺

引导学生识读高精度齿轮零件图样，了解其结构和主要技术参数，教师结合视频详细讲解，让学生对高精度齿轮的加工工艺过程有综合的了解，将学生所学知识系统化。

第十五章　机械装配工艺

一、教学内容分析

本章共有四节内容。

第一节主要讲授了装配工艺的相关内容，目的是让学生了解装配的定义和装配单元的组成，了解装配工作的内容、装配精度的内容和要求以及减速器的装配过程。

第二节主要讲授了装配尺寸链与工艺尺寸链、装配尺寸链的分类、装配尺寸链的建立、装配尺寸链的计算与应用、生产实例分析等内容，目的是让学生掌握装配尺寸链的计算。

第三节主要讲授了完全互换装配法、分组装配法、修配装配法、调整装配法、生产实例分析等内容，目的是让学生了解常用装配方案及其选择。

第四节主要讲授了装配的生产类型和组织形式、装配工艺规程的制定和生产实例分析等内容，目的是让学生了解装配工艺规程的制定。

通过本章的教学，使学生对机械装配工艺有比较完整的了解，学会编制装配工艺规程和解算装配尺寸链，并初步具备编制装配工艺的能力。

二、教学建议

1．机械装配是产品制造过程中的最后一个阶段，它包括装配、调整、检验和试车等各项工作。装配工作的好坏，直接影响到产品的质量，因此，装配在机械产品制造过程中占有非常重要的地位。装配时涉及装配方法的选择和装配尺寸链的计算，学习难度较大，讲解时应注重概念的讲解和装配尺寸链的分析，力求做到理论与实践相结合，同时，注意激发学生的学习兴趣，引导学生学以致用。

2. 对于减速器的装配，可进行现场实训教学，教师示范讲解后，让学生动手完成减速器的装配，能起到事半功倍的教学效果。学生不仅了解了减速器的装配步骤，还能了解装配精度对产品的影响。

§15–1 装配工艺概述

一、教学目标

1. 了解装配的定义和装配单元的组成。
2. 了解装配工作的内容。
3. 了解装配精度的内容和要求。
4. 了解减速器的装配、调整、精度检验和运转试验。

二、教学重点与难点

1. 教学重点

（1）装配。

（2）装配工作的内容。

（3）装配精度。

（4）生产实例分析。

2. 教学难点

生产实例分析。

三、教学设计与建议

（一）复习提问

教师引导学生复习上一章所学知识，并回答下列问题。

1. 通常按照什么原则划分轴类零件的加工阶段？

2. 引起套类零件变形的原因有哪些？

3. 安排箱体类零件的加工顺序应遵循哪些原则？

4. 国家标准对圆柱齿轮规定了多少个精度等级？

（二）新课导入

教师从学生比较熟悉的自行车入手并提出问题，如“同学们对自行车的结构了解吗？它主要由哪些部件组成？组装自行车时的基准件是哪一个？各部件间是如何连接的？组装时有组装要求吗？如果组装时中间链条比较松，会出现什么情况？”组织学生讨论与思考装配的重要性，引入新课。

（三）探究新知

1. 装配

结合学生对自行车组装的认识，教师讲解装配和装配单元的概念，让学生了解产品装配的层级问题：零件→合件→组件→部件→产品。

2. 装配工作的内容

教师讲解装配工作的重要性及装配工作的内容，让学生了解装配工作包括准备、连接、校正、调整、配作、平衡、验收、试验等一系列工作。

（1）准备

让学生熟悉装配前准备工作的内容。

1）熟悉产品的装配图样，熟悉工艺文件和产品质量验收标准等。分析产品结构，了解零件间的连接关系和装配技术要求。

2）确定装配的顺序。

3）确定装配方法，准备所需装配工具。

4）清洗零件、整形和补充加工。

（2）连接

让学生了解连接的种类，明确各种连接的用途。

（3）校正、调整与配作

让学生了解校正、调整与配作的工作内容及其重要性。

（4）平衡

让学生了解平衡工作的内容和目的。

（5）验收、试验

让学生了解机械产品装配完后，应根据有关技术标准和规定，对产品进行较全面的验收和试验工作，合格后方准出厂。教师结合教材详细讲解机械产品装配后的验收试验方法。

3. 装配精度

（1）装配精度概述

教师详细讲解装配精度的概念和装配精度所包括的内容。

1）距离精度。教师讲解距离精度的概念和实例，让学生明确装配中距离精度所包括的内容：相关零部件间的距离尺寸精度和装配中应保证的各种间隙。

2）相互位置精度。让学生了解相互位置精度所包括的内容：相关零部件间的平行度、垂直度、倾斜度、同轴度、对称度、位置度及各种跳动等。

3）相对运动精度。让学生了解相对运动精度所包含的内容：零部件间在运动方向和相对速度上的精度。

4）接触精度。教师讲解接触精度的概念和齿轮啮合示例，说明接触精度的衡量方法。

（2）装配精度与零件精度的关系

教师通过车床主轴轴线和尾座套筒轴线对床鞍移动的等高要求这一实例的讲解，让学生了解产品的装配精度和零件的加工精度的关系。

4. 生产实例分析

教师以减速器（也可选择其他载体）为载体，在实训场所进行教学。

（1）准备阶段

1）引导学生熟悉减速器的装配图样，熟悉工艺文件和产品质量验收标准等。分析减速器的结构，了解零件间的连接关系和装配技术要求。

2）让学生明确装配的顺序。

3）准备所需装配工具。

4）清洗零件、整形和补充加工。

（2）装配阶段

1）组件装配。引导学生根据装配顺序图分别装配蜗杆轴组件、锥齿轮轴－轴承套组件。

2）总装配。引导学生按照下列步骤完成减速器总装配。

装配蜗杆轴组件→试装蜗轮轴组件和锥齿轮轴－轴承套组件→装配蜗轮轴组件→装入锥齿轮轴－轴承套组件→安装其他零件与组件。

（3）调整和精度检验阶段

总装后，引导学生进行调整和精度检验，主要检查齿轮副的接触精度、齿侧间隙、相互位置精度和轴承间隙。检查合格后，可安装箱盖。

（4）运转试验阶段

引导学生完成内腔清理、加注润滑油进行润滑、连接电动机、手动试验，全部符合要求后，接通电源进行空载试车。如果试车符合要求，说明装配成功。

§ 15–2　装配尺寸链计算

一、教学目标

1. 了解装配尺寸链与工艺尺寸链的异同。
2. 了解装配尺寸链的分类。
3. 了解装配尺寸链的建立方法和步骤。
4. 掌握装配尺寸链的计算与应用，学会解算装配尺寸链。

二、教学重点与难点

1. 教学重点

（1）装配尺寸链与工艺尺寸链。
（2）装配尺寸链的分类。
（3）装配尺寸链的建立。
（4）装配尺寸链的计算与应用。
（5）生产实例分析。

2. 教学难点

（1）装配尺寸链的计算与应用。
（2）生产实例分析。

三、教学设计与建议

教师引导学生回顾工艺尺寸链有关的知识，在此基础上，讲解装配尺寸链的确立和解算。

（一）复习提问

教师引导学生复习上一节内容，并回答下列问题。

1. 什么是装配？装配单元可分为哪几级？
2. 产品的质量最终是由哪个环节来保证的？

3．装配中的相互位置精度包括哪些内容？

4．减速器的装配分为哪几个阶段？

（二）新课导入

“什么是尺寸链？工艺尺寸链具有哪两个特征？工艺尺寸链由哪些环组成？什么是增环？什么是减环？如何确定工艺尺寸链的封闭环？”教师通过提出问题引导学生回顾工艺尺寸链相关知识，引入新课。

（三）探究新知

1．装配尺寸链与工艺尺寸链

教师讲解装配尺寸链的概念，并引导学生阅读教材图 15–13，总结装配尺寸链与工艺尺寸链的异同。

2．装配尺寸链的分类

教师简要介绍装配尺寸链的种类，让学生了解直线尺寸链是由彼此平行的直线尺寸所组成的尺寸链，角度尺寸链是由角度（含平行度与垂直度）尺寸所组成的尺寸链。

3．装配尺寸链的建立

当运用装配尺寸链分析和解决装配精度问题时，首先要正确地建立装配尺寸链，即正确地确定封闭环，并根据封闭环的要求查明各组成环。

（1）装配尺寸链的建立方法和步骤

教师详细讲解装配尺寸链的建立方法和步骤，让学生首先要看懂产品或部件的装配图，确定封闭环。其次以封闭环两端的那两个零件为起点，沿着装配精度要求的方向，查找组成环。最后让学生画出尺寸链图，并判断增环、减环。

（2）在建立装配尺寸链时的注意事项

教师详细讲解建立装配尺寸链时的注意事项，让学生能正确建立装配尺寸链。

4．装配尺寸链的计算与应用

（1）装配尺寸链的计算

教师简要介绍装配尺寸链的计算方法，让学生明确，采用极值法解装配尺寸链的计算公式与解工艺尺寸链时相同。

（2）装配尺寸链的应用

1）正算法。在产品设计过程中，设计者提出装配精度要求，然后选择装配方法，确定各零件的公称尺寸及偏差，这时可以通过求解装配尺寸链来确定。

2）反算法。当需要对已设计的图样进行校核验算时，利用与装配精度有关的零件公称尺寸及偏差，通过求解装配尺寸链，验算零件装配后的装配精度是否满足设计要求。

5. 生产实例分析

教师以单键配合为载体进行案例法教学。

引导学生分析教材图 15–13，明确设计要求，其中 A_0 为封闭环，A_1 为减环，A_2 为增环。采用完全互换装配法，首先按公式计算平均公差，然后按生产经验分配公差，最后按照工艺尺寸链公式，求解 A_1 的公称尺寸、上下极限偏差。

§15–3　装配方案及其选择

一、教学目标

1. 了解完全互换装配法的概念及其尺寸链的计算。
2. 了解分组装配法的概念及分组方法。
3. 了解修配装配法的概念及其尺寸链的计算。
4. 了解调整装配法的概念、特点及应用场合。

二、教学重点与难点

1. 教学重点

（1）完全互换装配法。

（2）分组装配法。

（3）修配装配法。

（4）调整装配法。

2. 教学难点

（1）采用完全互换装配法的尺寸链计算。

（2）采用分组装配法的尺寸链计算。

（3）采用修配装配法的尺寸链计算。

三、教学设计与建议

本节主要讲授了装配生产中保证产品精度的具体方法，内容涉及装配方法的选择和装配尺寸链的计算，学习难度较大。讲解时应注重概念的讲解和装配尺寸链的分析，力求做到理论与实践相结合，引导学生学以致用。

（一）复习提问

教师引导学生复习上一节所学知识，并回答下列问题。

1. 装配尺寸链与工艺尺寸链的相同点有哪些？

2. 按照各环的几何特征和所处的空间位置，装配尺寸链可分为哪几种？

3. 简述装配尺寸链的建立方法和步骤。

（二）新课导入

装配生产中保证产品精度的具体方法有许多种，归纳起来可分为完全互换装配法、分组装配法、修配装配法和调整装配法四大类。

（三）探究新知

1. 完全互换装配法

（1）完全互换装配法的概念

完全互换装配法中的零件制造公差按以下原则确定：各配合零件公差之和小于或等于规定的装配公差，按这种原则制造的零件，在装配中可以完全互换。

教师让学生明白这种方法的实质是靠控制零件的加工精度来

保证产品的装配精度。因此，这种装配方法多用于较高精度的少环尺寸链或低精度的多环尺寸链中，如汽车、自行车和轴承等。

（2）完全互换装配法的尺寸链计算

教师详细讲解完全互换装配法尺寸链的计算方法和步骤，重点讲解协调环的确定原则和各组成环的标准公差值。尺寸链解算步骤如下。

1）建立装配尺寸链。

2）确定封闭环公称尺寸及偏差。

3）确定协调环。

4）确定各组成环公差。

①先确定各组成环的平均公差。

②确定各组成环公差值。

③确定组成环（除协调环外）公差带位置。

④确定协调环偏差。

（3）生产实例分析

教师引导学生分析教材图 15–16 中齿轮与轴的装配关系，按照完全互换装配法的尺寸链计算步骤，求出协调环的公称尺寸和极限偏差。

2. 分组装配法

（1）分组装配法的概念

教师讲解分组装配法的概念，让学生了解分组装配法是在对应组内零件可实行互换的装配方法，装配精度较高，质量稳定可靠，缺点是需逐件测量和分组，工作量大。但降低了零件的加工精度要求，降低了成本。

（2）采用分组装配法应该注意的问题

让学生了解采用分组装配法应注意的问题，要重点强调只能放大尺寸公差，几何公差和表面粗糙度值不能放大。

（3）生产实例分析

教师引导学生分析教材图 15–17 中活塞与活塞销的连接，

将尺寸公差放大4倍，按照公差范围分成4组进行装配。

3. 修配装配法

（1）修配装配法的概念

教师讲解修配装配法的概念，让学生了解该方法的优缺点，明确其用途。

（2）修配装配法的尺寸链计算

计算方法和步骤如下：

1）建立装配尺寸链。

2）确定封闭环的尺寸。

3）选择修配环。

4）确定其他组成环的尺寸和偏差。

5）计算修配环尺寸和偏差。

6）校核修配环尺寸是否正确。

（3）生产实例分析

教师引导学生分析教材图15–18，按照修配装配法的尺寸链计算步骤，计算修配环的公称尺寸和极限偏差，并校核修配环。

4. 调整装配法

（1）调整装配法的概念

教师讲解调整装配法的概念和种类，让学生了解可动调整法是在装配链中增设可改变位置的可动调整件（如螺钉、螺母、楔块等），用移动、回转或移动和回转同时进行来改变调整件的位置，以保证获得高的装配精度。固定调整法是预先制造各种尺寸的固定调整件（如不同厚度的垫圈、垫片等），装配时根据实际累积误差，选定所需尺寸的调整件装入，以保证装配精度要求。

（2）调整装配法的特点

教师分析调整装配法的特点，让学生了解该方法的优点和不足。

（3）调整装配法的适用场合

教师通过实例说明调整装配法的适用场合。

5. 生产实例分析

教师以孔与轴的装配为载体进行案例法教学。

（1）采用完全互换法的尺寸链计算

引导学生采用完全互换法进行装配尺寸链计算。

（2）采用分组装配法的尺寸链计算

引导学生采用分组装配法进行装配尺寸链计算。

（3）装配方案的分析比较

引导学生进行两种装配方案的比较，明确采用完全互换装配法装配时，孔和轴的加工精度要求高；采用分组装配法装配时，孔和轴的加工精度要求低，但装配后均可实现相同的装配精度。

§15-4　装配工艺规程的制定

一、教学目标

1. 了解装配的生产类型和组织形式。
2. 掌握装配工艺规程的制定。
3. 了解 CA6140 型车床主轴部件的装配工艺过程。

二、教学重点与难点

1. 教学重点

（1）装配的生产类型和组织形式。

（2）装配工艺规程的制定。

（3）生产实例分析。

2. 教学难点

生产实例分析（CA6140 型车床主轴部件的装配工艺）。

三、教学设计与建议

装配工艺规程是用文件形式规定下来的装配工艺过程，它是指导装配工作的技术文件，是制定装配生产计划、进行技术准备的主要依据，也是设计或改建装配车间的基本文件之一。讲解时应注重概念的讲解和生产实例的分析，力求做到理论与实践相结合，引导学生学以致用。

（一）复习提问

教师引导学生复习上一节所学知识，并回答下列问题。

1. 装配生产中常用的装配方法有哪些？
2. 简述完全互换装配法的尺寸链计算方法和步骤。
3. 采用分组装配法应该注意哪些问题？
4. 简述修配装配法的尺寸链计算方法和步骤。
5. 调整装配法分为哪两种？

（二）新课导入

“装配生产与零件加工生产不同，不需要制定工艺规程”，教师引导学生讨论该种说法是否正确，引入新课。

（三）探究新知

1. 装配的生产类型和组织形式

（1）装配的生产类型及特点

教师讲解机械装配各种生产类型的基本特征、组织形式、装配工艺方法、工艺过程、设备及工艺装备、手工操作要求，让学生了解各种生产类型的装配工作的特点。

（2）装配的组织形式

教师讲解固定式装配和移动式装配两种装配组织形式的特点和适用场合，让学生了解装配的组织形式。

2. 装配工艺规程的制定

（1）制定装配工艺规程应遵循的原则

教师结合课件详细讲解在装配时应保证并力求提高产品装

配质量等内容，让学生了解制定装配工艺规程应遵循的原则。

（2）制定装配工艺规程所需的原始资料

教师详细讲解产品的总装配图、部件装配图以及主要零件的工作图等内容，让学生了解制定装配工艺规程所需的原始资料。

（3）装配工艺规程的内容

教师详细讲解产品及其部件的装配顺序等知识点，让学生了解装配工艺规程的内容。

（4）制定装配工艺规程的步骤

教师详细讲解以下内容，让学生了解制定装配工艺规程的步骤。

1）研究产品装配图和验收技术条件。

2）确定装配的组织形式。

3）划分装配单元，确定装配顺序。

4）划分装配工序。

5）制定装配工艺卡。

3. 生产实例分析

教师以 CA6140 型车床主轴部件为载体进行案例法教学。

（1）主轴部件的结构

引导学生识读 CA6140 型车床主轴部件图，了解其结构和所用轴承。

（2）主轴部件的装配技术要求

引导学生识读主轴部件的装配技术要求，了解主轴轴承对主轴的旋转精度及刚度影响。

（3）主轴部件的装配工艺过程

教师利用装配现场或视频进行讲解，让学生掌握主轴部件的装配工艺过程。

1）装配顺序。教师利用装配现场或视频进行讲解，让学生了解主轴的装配顺序（主轴自右向左装入箱体，右边的零件先装到主轴上，左边的零件后装到主轴上）。

2）装配单元系统图。引导学生绘制主轴部件装配单元系统图，帮助学生理解主轴部件的装配。

3）主轴部件的精度检验。教师利用装配现场或视频进行讲解，让学生了解主轴径向跳动和主轴轴向窜动的检验方法。

4）主轴部件的调整。教师利用装配现场或视频进行讲解，让学生了解主轴部件的调整方法（松开主轴前端双列圆柱滚子轴承右侧的螺母，拧紧主轴前端推力球轴承左侧的圆螺母）。

机械制造工艺基础（第八版）习题册参考答案

绪　论

一、填空题

1．毛坯

2．选材　成型

3．铸件　锻件

4．车削　磨削　镗削

5．工艺方法与过程　工艺装备

6．产品　半成品

7．装配　调试

二、判断题

1．✓　2．✓　3．✓　4．×

三、简答题

1．机械制造过程包括毛坯制造、机械加工及热处理和装配调试三个阶段。

2．机械制造工艺包含工艺性分析、工艺方案的确定、工艺文件的制定、工艺装备的选择等。

3．机械制造工艺基础的研究对象是机械零件加工的工艺方法、工艺过程与工艺装备。

4．机械制造工艺基础主要包括毛坯制造工艺、零件切削加工工艺、机械加工工艺规程的制定和机械装配工艺四部分内容。

本课程的具体任务：

（1）以机械制造工艺过程为主线，了解毛坯制造和零件切削加工中各工种的工作内容、工艺装备和工艺方法。

（2）了解各工种主要设备（包括附件、工具）的基本工作原理和使用范围。

（3）能初步选择毛坯和零件的加工方法。

（4）了解机械制造的新工艺和新方法。

（5）初步掌握常见典型零件的加工工艺过程。

（6）了解机械装配工艺的基本知识。

第一章　铸　　造

§1–1　概　　述

一、填空题

1．铸造

2．铸件

3．砂型　特种

4．疏松　粗大

5．毛坯

二、判断题

1．×　2．✓　3．✓

三、选择题

1．C　2．D

四、简答题

1．将熔融金属浇注、压射或吸入铸型型腔中，待其凝固后获得具有一定形状、尺寸和性能的毛坯或零件的成型方法，称为铸造。

2.（1）产品的适应性广，工艺灵活性大，工业上常用的金属材料均可用来进行铸造，铸件的质量可从几克到几百吨。

（2）可以生产出形状复杂，特别是具有复杂内腔的工件毛坯，如各种箱体、床身、机架等。

（3）铸件一般比锻件、焊接件尺寸精确，可以节约大量的金属材料和机械加工工时。

（4）铸件所用的原材料大都来源广泛，价格低廉，并可直接利用废旧机件，故铸件成本较低。

（5）铸件也有力学性能较差、生产工序多、质量不稳定等缺点。铸造组织疏松、晶粒粗大、内部易产生缩孔等缺陷，会导致铸件的力学性能（特别是韧性）低，铸件质量不够稳定。

§1–2 砂型铸造

一、填空题

1. 砂型
2. 砂型　砂芯
3. 铸造砂　型砂黏结剂
4. 铸型
5. 模样　芯盒
6. 消耗　可复用
7. 铸造圆角
8. 浇注系统
9. 浇口杯　直浇道
10. 体积
11. 空腔
12. 造型（制造砂型）　造芯（制造砂芯）
13. 造型
14. 手工　机器
15. 有箱　脱箱

16．两箱　三箱

17．活块　活块

18．紧砂　起模

19．芯砂

20．手工　机器

21．芯盒

22．浇注温度　浇注速度

23．浇注温度　浇注速度

24．落砂

25．黏砂　型砂

26．外观　内在　使用

二、判断题

1．✓　2．×　3．✓　4．×　5．✓　6．✓　7．✓

8．×　9．✓　10．✓　11．×　12．✓　13．✓

14．✓　15．✓　16．✓　17．×　18．×　19．✓

20．✓

三、选择题

1．A　2．B　3．A　4．C　5．A　6．B　7．D　8．A

9．A　10．A

四、名词解释

1．用型砂紧实成型的铸造方法称为砂型铸造。

2．用来形成铸型型腔的工艺装备称为模样。

3．用来制造型芯的工艺装备称为芯盒。

4．收缩余量是指为了补偿铸件收缩，模样比铸件图样尺寸增大的数值。

5．起模斜度是指为使模样容易从铸型中取出或型芯从芯盒中脱出，在模样或芯盒上平行于起模方向所设的斜度。

6．用手工或机械使铸件和型砂、砂箱分开的操作称为落砂。

五、简答题

1．型砂用来形成铸件的外部形状，而芯砂用来形成铸件的内腔或简化造型工艺。

2．铸造圆角的作用是使造型方便，防止浇注时铸型尖角被冲坏而引起铸件粘砂，以及防止铸件尖角处因应力集中而产生裂纹。

3．典型的浇注系统通常由外浇口、直浇道、横浇道、内浇道组成。浇注系统的作用是保证熔融金属平稳、均匀、连续地充满型腔；阻止熔渣、气体和砂粒随熔融金属进入型腔；控制铸件的凝固顺序；供给铸件冷凝收缩时所需补充的液体金属（补缩）。

4．砂型铸造的工艺过程一般由制造模样与芯盒、制备型（芯）砂、造型（制造砂型）、造芯（制造砂芯）、烘干（用于干砂型铸造）、合型（合箱）、浇注、落砂、清理及铸件检验等组成。

5．型砂含水过多，透气性差；起模和修型时刷水过多；砂芯烘干不良或砂芯通气孔堵塞；浇注温度过低或浇注速度太快。

6．浇注时金属量不够；浇注时液体金属从分型面流出；铸件太薄；浇注温度太低；浇注速度太慢。

7．铸件结构不合理，壁厚相差太大；砂型和砂芯的退让性差；落砂过早。

8．冒口是在铸型内存储供补缩铸件用熔融金属的空腔。冒口中的金属液可不断地补充铸件的收缩，从而使铸件避免出现缩孔、缩松。一般在铸件的顶部或厚实部位设置冒口。

§1–3　特种铸造及铸造新技术

一、填空题

1．易熔　耐火

2．金属　重力

3．高压　压力

4．离心力

5．离心铸造机　金属　砂

6．陶瓷型

7．实型　模样

8．小　较大

二、判断题

1．×　2．×　3．×　4．✓　5．×

三、选择题

1．B　2．D　3．D　4．D　5．A

四、简答题

1．熔模铸造分为以下工序：压型、制作单个蜡模、制作蜡模组、制作蜡模型壳、型壳脱蜡、填砂捣实、浇注、清除型壳、清理、检验。

2．在铸造前需要对金属铸型进行预热，铸造前未对金属铸型进行预热而进行浇注容易使铸件产生冷隔、浇不足、夹杂、气孔等缺陷，未预热的金属铸型在浇注时还会使铸型受到强烈的热冲击，应力倍增，极易被损坏。

3．首先将模样固定于模板上，再套上砂箱，然后将预先调好的陶瓷浆料倒入砂箱，将上表面刮平，等待结胶硬化，待浆料出现弹性即可起模。随即点火喷烧（吹压缩空气助燃），待火熄灭后，移入高温炉中喷烧即成所需的陶瓷型。

第二章　锻　　压

§2–1　概　　述

一、填空题

1．锻压

2．锻造　冲压

3．自由锻　模锻

4．冲压

5．锻件　冲压件

6．冷冲压

7．压力

8．拉拔

二、判断题

1．✓　2．×　3．×　4．✓　5．✓　6．✓

三、简答题

1．锻造是在加压设备及工（模）具的作用下，使金属坯料或铸锭产生局部或全部的塑性变形，以获得一定几何形状、尺寸和质量的锻件的加工方法。按成形方式不同，锻造分为自由锻和模锻两大类。

2．（1）改善金属的内部组织，提高金属的力学性能（如零件的强度、塑性和韧性）。

（2）具有较高的生产效率。

（3）适用范围广。锻件的质量可小至不足1千克，大至数百吨；既可进行单件、小批量生产，又可进行大批量生产。

（4）采用精密模锻可使锻件尺寸、形状接近成品零件，因而可以大大地节省金属材料和减少切削加工工时。

（5）不能锻造形状复杂的锻件。

四、应用题

工件的加工方法

序号	工件	加工方法
1		铸造

续表

序号	工件	加工方法
2	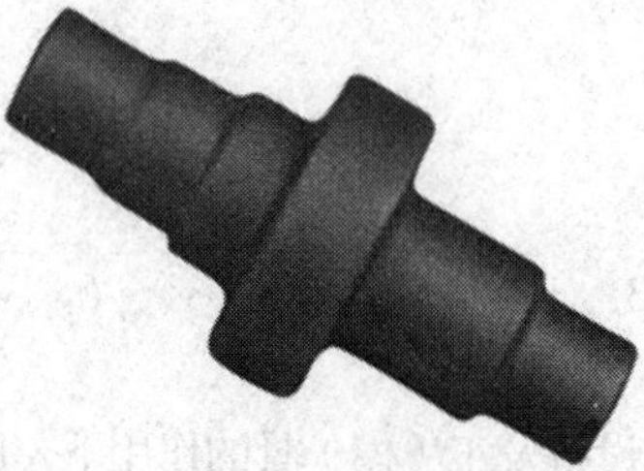	锻造
3	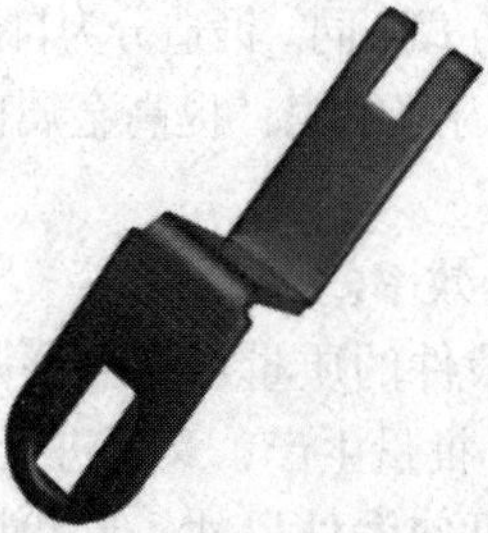	冲压

§2–2 锻　　造

一、填空题

1．加热　锻造
2．塑　可锻
3．空冷　坑冷　炉冷
4．宏观组织　力学性能
5．正火　退火
6．自由
7．压缩空气
8．压缩空气

9．150　100

10．静

11．垫环　剁刀

12．变形　变形

13．镦粗

14．拔长

15．方形　八角形

16．冲孔

17．弯曲

18．扭转

19．切割

20．1/3 ~ 1/2　120° ~ 150°

21．裂纹　末端凹陷

22．模锻

23．单模膛　多模膛

二、判断题

1．✓　2．✓　3．×　4．×　5．✓　6．✓　7．✓
8．×　9．✓　10．×　11．×　12．✓

三、选择题

1．B　2．D　3．A　4．B　5．D　6．C　7．A　8．B
9．B　10．B　11．A　12．ABCD　13．ABCD　14．AB

四、名词解释

1．将加热后的金属坯料置于铁砧上或锻压机器的上、下砧铁之间直接进行的锻造，称为自由锻。

2．将加热后的坯料放在锻模的模腔内，经过锻造，使其在模腔所限制的空间内产生塑性变形，从而获得锻件的锻造方法称为模锻。

五、简答题

1．锻造的基本工艺过程包括下料、加热、锻造、冷却、质量检验和热处理。

2．坯料在锻造之前通常需要加热，加热的目的是提高金属的塑性和降低其变形抗力，即提高金属的可锻性。

3．如果锻后锻件冷却不当，会使应力增加和表面过硬，影响锻件的后续加工，严重的还会产生翘曲变形、裂纹，甚至造成锻件报废。

4．在机械加工前，锻件要进行热处理，目的是使组织均匀，细化晶粒，减少锻造残余应力，调整硬度，改善机械加工性能，为最终热处理做准备。常用的热处理方法有正火、退火、球化退火等。

5．空气锤的工作原理是电动机经过减速机构减速，通过曲轴连杆机构使压缩活塞在压缩缸内做往复运动产生压缩空气，压缩空气进入工作缸使锤杆做上下运动以完成各项工作。

6．常用的自由锻工具有垫环、压棍、压铁、摔子、剁刀、钢直尺等。

7．根据变形的性质和程度不同，自由锻工序可分为辅助工序、基本工序和修整工序三大类。

8．圆形截面坯料拔长时，应先锻成方形截面，在拔长到边长接近锻件时，锻成八角形截面，最后倒棱滚打成圆形截面。这样拔长的效率高，且能避免引起中心裂纹。

9．自由锻常见的缺陷有裂纹、末端凹陷、轴心裂纹和折叠等。

（1）产生裂纹的原因主要有坯料质量不好、加热不充分、锻造温度过低、锻件冷却不当和锻造方法有错误等。

（2）末端凹陷和轴心裂纹是由于锻造时坯料内部未热透或坯料整个截面未锻透，坯料变形只产生在表面造成的。

（3）产生折叠的原因主要是坯料在锻压时送进量小于单面压下量。

10．与自由锻相比，模锻具有以下特点。

（1）由于有模膛引导金属的流动，锻件的形状可以比较复杂。

（2）锻件内部的锻造流线按锻件轮廓分布，从而提高了零件的力学性能和使用寿命。

（3）锻件表面光洁，尺寸精度高，可节约材料和切削加工工时。

（4）生产效率较高。

（5）操作简单，易于实现机械化。模锻只适用于中、小型锻件的成批或大量生产。

（6）锻模所需设备吨位大，设备费用高；加工工艺复杂，制造周期长，费用高。

§2–3　冲　压

一、填空题

1. 金属板材
2. 塑性
3. 冲床　剪床
4. 分离　成形
5. 冲裁　剪切
6. 塑性
7. 冲模　落料
8. 落料
9. 冲孔
10. 不封闭
11. 弯曲
12. 翻边

二、判断题

1. √　2. ×　3. ×　4. ×　5. ×　6. √　7. √

三、选择题

1. B　2. A　3. C

四、简答题

1．利用冲裁取得一定外形的制件或坯料的冲压方法称为落料。落料即封闭轮廓以内部分的板料是制件或坯料，封闭轮廓以外部分的板料是余料或废料。

将冲压坯料内的材料以封闭的轮廓分离开来，得到带孔制件的一种冲压方法称为冲孔。也就是说，冲孔时封闭轮廓以外部分的板料是制件或坯料，封闭轮廓以内部分（被冲落部分）的板料是余料或废料。

2．冲压的基本工序可分为分离工序和成形工序两类。分离工序是使零件与母材沿一定的轮廓相互分离的工序，如冲裁、剪切和整修等。成形工序是在板料不被破坏的情况下产生局部或整体塑性变形的工序，如弯曲、拉深和翻边等。

第三章　焊　　接

§3–1　概　　述

一、填空题

1．加热　加压

2．焊缝　母材　焊接接头

3．永久性

4．熔焊　压焊

5．熔化

6．低　钎料　母材

7．焊接

8．差　差

9．0.4%

10．氩弧焊

二、判断题

1. × 2. × 3. × 4. ✓ 5. ✓ 6. ✓ 7. × 8. ×

三、选择题

1. A 2. B 3. A 4. A 5. B

四、简答题

1. 焊接是一种应用很广的金属连接方法，其实质就是通过加热或加压或两者并用，使用（或不使用）填充材料，使工件连接在一起的方法。

按照焊接过程中金属所处的状态不同，可以把焊接方法分为熔焊、压焊和钎焊三类。

2. 优点：（1）节省金属材料，产品密封性好。

（2）焊接工艺相对简单。

（3）结构强度高，产品质量好。

缺点：由于焊接是局部加热，快速熔合，故焊件的性能不够均匀，焊后会产生较大的焊接应力，容易引起结构的变形甚至开裂，需要采取一定的工艺措施予以消除。

3. 与焊件的化学成分、焊接方法、焊接的结构及使用要求等因素有关。

五、论述题

1. 铸铁属于脆性材料，焊接时的急冷、急热所产生的热应力很容易使接头处产生裂纹，而且由于焊接过程中熔池金属里的碳、硅元素烧损较多，很容易产生白口组织，故铸铁的焊接性很差。

2. 铝的表面有一层高熔点的氧化铝薄膜，致密地覆盖于铝基体的表面，严重影响铝及铝合金的熔点，并且氧化铝密度较大，熔融状态时，很容易残存在熔池中形成夹渣。

高温下铝对氢的溶解度较大，容易吸附大量的氢，低温下这些氢又会析出而形成氢气，若铝液凝固前这些氢气没有完全释放掉，就会形成氢气孔。

因此，铝及铝合金的焊接性不好。

3. 铜及铜合金的焊接性不好。因为铜的热导率大，热量散失快，所以焊接时，焊件和填充金属熔合较困难，需采用大功率热源，并且焊前和焊接过程中需预热。

高温时铜能溶解大量的氢，氢在低温时析出后形成氢气，这些氢气若不能及时释放掉就会形成氢气孔。

一般地，纯铜、黄铜、青铜及白铜常用氩弧焊进行焊接；黄铜还可采用气焊、钎焊及等离子弧焊。

§3–2 常用焊接方法

一、填空题

1. 电弧热
2. 弧焊电源　焊条
3. 电能　电缆
4. 保护
5. 直流　交流
6. 弧焊变压器　弧焊整流器
7. 交流电　直流电
8. 焊条　300 A
9. 遮蔽　头盔
10. 焊条
11. 药皮　药皮
12. 电弧
13. 药皮
14. 酸性　碱性
15. 氧化　氢气
16. 脱氧　氢气
17. 直径
18. 平焊　立焊

19．3.2

20．直径

21．小

22．熔合区

23．对接　角接

24．焊透

25．V　X

26．正　反

27．气体

28．氩弧

29．熔化极　不熔化极

30．可燃　助燃

31．氧气瓶　乙炔瓶

32．流量

33．热能　切割

34．燃烧

35．氧气

二、判断题

1．×　2．✓　3．×　4．✓　5．✓　6．×　7．×

8．×　9．×　10．×　11．×　12．✓　13．✓

14．✓　15．×　16．×　17．✓　18．✓　19．×

20．✓　21．✓　22．×　23．✓　24．×　25．×

三、选择题

1．B　2．A　3．ABC　4．ABCD　5．ABCD　6．ABCD

7．B　8．C　9．B　10．D　11．A　12．ABCD

四、名词解释

1．焊条电弧焊是通过焊条引发电弧，用电弧热来熔化焊件而实现焊接的一种熔焊方法。

2．二氧化碳气体保护焊是用 CO_2 作为保护气体，依靠焊丝与焊件之间产生的电弧热来熔化金属的气体保护焊方法。

五、简答题

1．焊接时，将焊条与焊件接触短路后立即提起焊条，引燃电弧。电弧的高温将焊条与焊件局部熔化，熔化了的焊芯以熔滴的形式过渡到局部熔化的焊件表面，熔合在一起后形成熔池。

焊条药皮在熔化过程中产生一定量的气体和液态熔渣，起到保护液态金属的作用。同时，药皮熔化产生的气体、熔渣与熔化的焊芯、焊件发生一系列冶金反应，保证了所形成焊缝的性能。随着电弧沿焊接方向不断移动，熔池内的液态金属逐步冷却结晶形成焊缝。

2．焊芯的作用是在焊接时传导电流产生电弧并熔化，成为焊缝的填充金属。

3．按焊条药皮熔化后的熔渣特性不同，分为酸性焊条和碱性焊条两大类。

酸性焊条突出的特点是焊接工艺性能好，容易引弧，电弧稳定，脱渣性好，飞溅小，对弧长不敏感，焊前准备要求低，焊缝成形好，而且价格较低，广泛用于焊接低碳钢和不太重要的钢结构。

碱性焊条突出的特点是工艺性能差，引弧较困难，电弧稳定性差，飞溅较大，焊缝成形稍差，鱼鳞纹较粗，不易脱渣。但焊缝金属的力学性能和抗裂性均较好，可用于合金钢和重要的非合金钢结构的焊接。

4.（1）考虑焊件的力学性能、化学成分。

（2）考虑焊件的工作条件及使用性能。

（3）考虑简化工艺，提高生产效率，降低成本。

5．焊条直径的选择与工件厚度、焊缝空间位置与焊接层次有关。

6．氩弧焊的特点是：电弧稳定、飞溅小，焊后无熔渣，焊缝美观、成形性好，操作灵活，适用于各种位置的焊接。另外氩弧焊可焊接厚度为 1 mm 以下的薄板及某些特殊金属，适应性强。但氩气成本较高，氩弧焊的焊接成本较高，设备及控制系统复杂，维修较麻烦。

7．二氧化碳气体保护焊的优点有：焊接成本低，焊缝质量好，生产效率高，焊接变形小，适用范围广等。

8．第一阶段，气割开始时，用预热火焰将起割处的金属预热到燃烧温度（燃点）。

第二阶段，向被加热到燃点的金属喷射切割氧，使金属剧烈燃烧。

第三阶段，金属燃烧氧化后生成熔渣和产生反应热，熔渣被切割氧吹除，所产生的热量和预热火焰热量将下层金属加热到燃点，将金属逐渐地割穿，随着割炬的移动，即可将金属切割成所需的形状和尺寸。

§3–3 其他焊接方法

一、填空题

1．电弧 焊缝

2．水平

3．等离子弧焊

4．非转移型 转移型

5．超薄 中厚

6．电阻对焊 电阻点焊

7．塑性

8．薄钢板

9．2

10．硬 软

11．烙铁 火焰

二、判断题

1．✓ 2．× 3．✓ 4．✓ 5．✓ 6．× 7．✓

8．× 9．✓ 10．×

三、选择题

1．D 2．ABC 3．B 4．ABCD

四、简答题

1．与焊条电弧焊相比，埋弧自动焊具有以下三个显著的特征：采用连续焊丝；使用颗粒焊剂；焊接过程自动化。

2．（1）焊缝质量好。（2）生产效率高。（3）成本低。（4）改善劳动条件。（5）适用性有限。

3．（1）等离子弧呈柱形，其加热区域大小与焊枪离工件的距离基本无关。

（2）温度高，能量密度和等离子流力很大的等离子具有很强的小孔效应，适合于单面焊双面成形。

（3）能量密度大、流速快的等离子弧具有很好的稳定性和刚直性，不易偏离它所指向的最近点，因此可进行高速焊接，而且对接头的对中要求不高。

4．（1）焊接时须对焊件加压并通电，焊件的内电阻和接触电阻发热而使焊件被焊处达到熔化或热塑性状态，在压力作用下焊合在一起。

（2）焊件接头不需要开坡口，不用填充金属。

（3）热影响区小，焊件变形小。

（4）劳动条件好，生产效率高，容易实现自动化。

5．采用比母材熔点低的金属材料做钎料，将焊件和钎料加热到高于钎料熔点、低于母材熔点的温度，利用液态钎料润湿母材，填充接头间隙并与母材相互扩散实现连接焊件的方法称为钎焊。钎焊分为硬钎焊和软钎焊两种。

§3-4　焊接机器人

一、填空题

1．焊工　点焊

2．示教再现

3．触觉　空间

4．智能

5．电阻点焊

6．柔性

7．点焊　弧焊

8．驱动　感受

9．控制器

10．焊接系统

二、判断题

1．✓　2．✓　3．×　4．✓　5．✓　6．×　7．✓　8．×　9．×　10．×

三、选择题

1．B　2．C　3．A　4．C

四、简答题

1．第一代焊接机器人是示教再现型机器人。第二代焊接机器人是具有视觉或触觉感知能力的机器人。第三代焊接机器人是具有学习、推理和自动规划能力的智能型机器人。

2．（1）能适应产品多样化。（2）可提高产品质量。（3）可提高生产效率。

3．焊接机器人按用途分为点焊机器人和弧焊机器人两类。

4．完整的焊接机器人系统分为驱动系统、机械结构系统、感受系统、机器人－环境交互系统、人－机交互系统和控制系统。具体由机器人操作机、变位机、控制器、焊接系统（专用焊接电源、焊枪或焊钳等）、焊接传感器、中央控制计算机和相应的安全设备等部件组成。

第四章　切削加工基础

§4-1　金属切削机床的分类与型号

一、填空题

1. 切削　机床
2. 车床　铣床
3. 阿拉伯数字
4. /
5. 类代号
6. 数控车床
7. 6　1
8. 折算
9. 主参数
10. 联动轴数　复合
11. 高精度万能外圆　320
12. 摇臂　40

二、判断题

1. ✓　2. ✓　3. ×　4. ✓　5. ✓　6. ✓　7. ✓

8. ✓　9. ×　10. ×　11. ✓　12. ✓　13. ✓

14. ✓　15. ×

三、选择题

1. C　2. D　3. A　4. B　5. A　6. D　7. A

四、解释下列机床型号的含义

1. THM6350 表示精密卧式加工中心，工作台最大宽度为 500 mm。

2. MKG1340 表示高精度数控外圆磨床，最大磨削直径为

400 mm。

§4–2 切削运动与切削用量

一、填空题

1．主运动

2．旋转　直线

3．已加工表面　待加工表面　过渡表面

4．待加工表面

5．已加工表面

6．进给量

7．瞬时

8．进给运动　mm/r

9．背吃刀量

二、判断题

1．×　2．√　3．√　4．√　5．×　6．×　7．×

8．√　9．×　10．√　11．√　12．√　13．×

14．√　15．√　16．√　17．√　18．√

三、选择题

1．D　2．A　3．AB　4．D　C　5．A　6．D　7．D

8．C　9．C

四、简答题

1．主运动是切除工件表面多余材料所需的最基本的运动。在切削运动中，通常主运动的运动速度（线速度）较高，所消耗的功率也较大。进给运动是使工件切削层材料相继投入切削从而加工出完整表面所需的运动。

铣削中铣刀的回转运动是主运动，工件的纵向移动为进给运动。刨削中刨刀的往复直线运动是主运动，工件的横向间歇移动为进给运动。

2．选择切削用量的原则是在保证加工质量、降低加工成本和提高生产效率的前提下，使背吃刀量、进给量和切削速度的乘积最大。

五、应用题

答案略。

§4–3　切削刀具

一、填空题

1．外圆表面　平面

2．切削

3．切削

4．前　主切削　刀尖

5．前面

6．静止　工作

7．基面 p_r　正交平面 p_o

8．主

9．平行

10．前角 γ_o　后角 α_o　主偏角 κ_r　副偏角 κ_r'　刃倾角 λ_s

11．正交

12．主切削

13．切削

14．抗粘接

15．高速钢　金刚石

16．Al_2O_3

二、判断题

1．✓　2．✓　3．✓　4．✓　5．×　6．✓　7．✓

8．×　9．✓　10．×　11．✓　12．×　13．×

14．✓　15．✓

三、选择题

1．D　2．B　3．C　4．A　5．C　6．D　7．B　8．C

9．A　10．B　11．B　12．A

四、简答题

1．车刀的切削部分由“三面两刃一尖”（即前面 A_γ、主后面 A_α、副后面 A'_α、主切削刃 S、副切削刃 S'、刀尖）组成。

2．刀具静止参考系的主要基准坐标平面有基面 p_r、假定工作平面 p_f、主切削平面 p_s、副切削平面 p'_s、正交平面 p_o。

3．刀具材料必须具备以下基本要求。

高硬度、足够的强度和韧性、高的耐磨性和耐热性、良好的导热性、良好的工艺性、较好的经济性、抗粘接性和化学稳定性。

4．目前，用于生产上的刀具材料有碳素工具钢、合金工具钢、高速钢、硬质合金、陶瓷、金刚石、立方氮化硼等。

五、应用题

答案略。

§4–4　切削力与切削温度

一、填空题

1．一致　最大

2．总切削力　垂直于

3．进给

4．总切削抗力

5．总切削力

6．增大　增大

7．减小　减小

8．切屑变形

9．切屑

10．70%～80%　15%～20%　5%～10%

二、判断题

1．✓　2．✓　3．×　4．×　5．✓　6．✓　7．✓

8．✓　9．×　10．✓　11．×　12．×　13．✓

14. ✓ 15. × 16. ✓ 17. ✓ 18. ×

19. × 20. ✓

三、选择题

1. C 2. A 3. A 4. C

四、简答题

1. 影响总切削抗力大小的因素有：

（1）工件材料。

（2）切削用量。

（3）刀具角度。

（4）切削液。

2. 切削过程中，由于被切削金属材料层的变形、分离及刀具和被切削材料间的摩擦而产生的热量称为切削热。切削热主要来源于切屑变形、切屑与刀具前面的摩擦、工件与刀具后面的摩擦三个方面。

3. 减少切削热和降低切削温度的工艺措施有：

（1）合理选择刀具材料和刀具几何角度。

（2）合理选择切削用量。

（3）适当选择和使用切削液。

§4–5 切 削 液

一、填空题

1. 冷却 润滑 清洗 防锈

2. 热传导

3. 水溶液 乳化液

4. 加工性质

5. 冷却

6. 润滑

二、判断题

1. ✓ 2. ✓ 3. ✓ 4. ✓ 5. ✓ 6. ✓ 7. ×

8. ✓　9. ✓　10. ✓　11. ✓

三、简答题

1. 冷却作用、润滑作用、清洗作用、防锈作用。

2. 常用切削液有水溶液、乳化液、合成切削液、切削油、极压切削油和固体润滑剂等。

3.（1）油状乳化液必须用水稀释后才能使用。但乳化液会污染环境，应尽量选用环保型切削液。

（2）切削液应浇注在过渡表面、切屑和前刀面接触的区域，因为此处产生的热量最多，最需要冷却润滑。

（3）用硬质合金车刀切削时，一般不加切削液。如果使用切削液，必须从开始就连续充分地浇注，否则硬质合金刀片会因骤冷而产生裂纹。

（4）控制好切削液的流量。流量太小或断续使用，起不到应有的作用；流量太大，则会造成切削液的浪费。

（5）加注切削液可以采用浇注法和高压冷却法。

§4–6　加工精度与加工表面质量

一、填空题

1. 实际　理想

2. 尺寸　形状　位置

3. 测量　尺寸

4. 几何

5. 越高

二、判断题

1. ✓　2. ✓　3. ×　4. ✓　5. ×　6. ✓　7. ×

8. ✓　9. ✓　10. ×

三、选择题

1. D　2. C　3. A　4. B　5. D　6. C

四、简答题

1. 表面粗糙度一般由所采用的加工方法和（或）其他因素形成。它主要是由加工过程中刀具和工件表面的摩擦、刀痕、切屑分离时工件表面层金属的塑性变形以及工艺系统中的高频振动等原因形成。

2. 切削加工时，工件表面层材料在刀具的挤压、摩擦及切削区温度变化的影响下，发生材质变化，这些材质的变化主要有以下几方面。

（1）表面层材料因塑性变形引起的冷作硬化。

（2）表面层材料因切削热的影响，引起金相组织的变化。

（3）表面层材料因切削时的塑性变形、热塑性变形、金相组织变化引起的残余应力。

第五章 钳 加 工

§5–1 划 线

一、填空题

1. 轮廓 基准
2. 平面 立体 平面
3. 立体
4. 尺寸准确
5. 15° ~ 20°
6. 划线 设计
7. 2 3
8. 基准面
9. 不加工
10. 重要 较大

11．借料

二、判断题

1．× 2．✓ 3．× 4．✓ 5．✓ 6．× 7．×

8．✓

三、选择题

1．B 2．A 3．B 4．A 5．D 6．B 7．C 8．C

9．C 10．B

四、名词解释

1．划线是指在毛坯或工件上，用划线工具划出待加工部位的轮廓线或作为基准的点和线，这些点和线标明了工件某部分的尺寸、位置和形状特征。

2．划线时，工件上用来确定其他点、线、面位置所依据的点、线、面称为划线基准。

3．在零件图上，用来确定其他点、线、面位置的基准，称为设计基准。

4．找正就是利用划线工具使工件上有关的表面与基准面（如划线平板）之间处于合适的位置。

5．借料就是通过试划和调整，将各加工表面的加工余量合理分配，互相借用，从而保证各加工表面都有足够的加工余量，而误差或缺陷可在加工后排除。

五、简答题

1．划线的具体作用如下：

（1）确定工件的加工余量，使机械加工有明确的尺寸界线。

（2）便于复杂工件在机床上装夹，可按划线找正定位。

（3）能够及时发现和处理不合格的毛坯，避免加工后造成损失。

（4）采用借料划线可使误差不大的毛坯得到补救，提高毛坯的利用率。

2. 选择划线基准的基本原则是应尽可能使划线基准和设计基准重合。其好处是可以减少不必要的尺寸换算，使划线方便、准确。

3.（1）分析图样，了解工件的加工部位和要求，选择好划线基准。

（2）清理工件，对铸、锻件毛坯，应将型砂、毛刺、氧化皮去除掉，并用钢丝刷清理干净，对已生锈的半成品，要将浮锈刷掉。

（3）对于有孔的工件，应在工件孔中安装中心塞块，以便于确定孔的中心位置。

（4）为了使划出的线条清晰，一般应在工件的划线部位涂一层薄而均匀的涂料。

（5）擦净划线平板，准备好划线工具。

4.（1）以两个互相垂直的平面（或直线）为基准。

（2）以两条互相垂直的中心线为基准。

（3）以一个平面和一条中心线为基准。

5.（1）工件上有不加工表面时，应按不加工表面找正后再划线，这样可使加工表面和不加工表面之间保持尺寸均匀。

（2）工件上有两个以上不加工表面时，应选重要的或较大的不加工表面为找正依据，并兼顾其他不加工表面，这样可使划线后的加工表面与不加工表面之间尺寸比较均匀，而误差集中到次要或不明显的部位。

（3）工件上没有不加工表面时，通过对各加工表面自身位置找正后再划线。这样可使各加工表面的加工余量均匀，避免加工余量相差悬殊。

六、应用题

1.

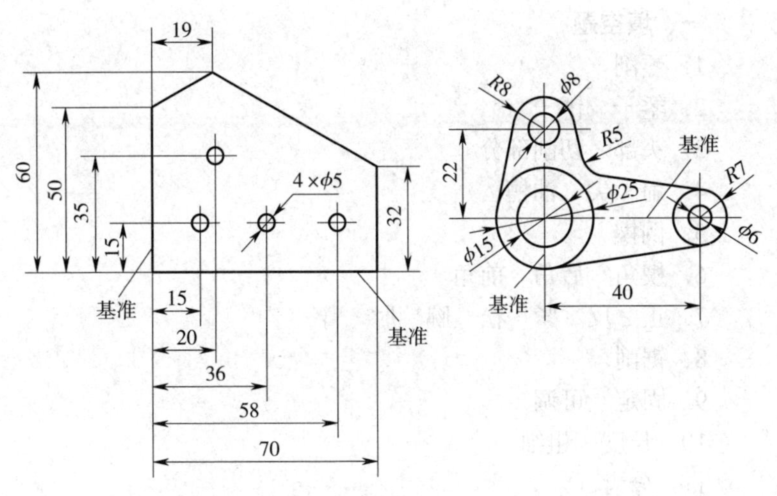
19
60
50
35
15
4×ϕ5
32
基准
15
20
36
58
70
基准
R8
ϕ8
R5
基准
22
ϕ25
R7
ϕ15
ϕ6
基准
40

2.

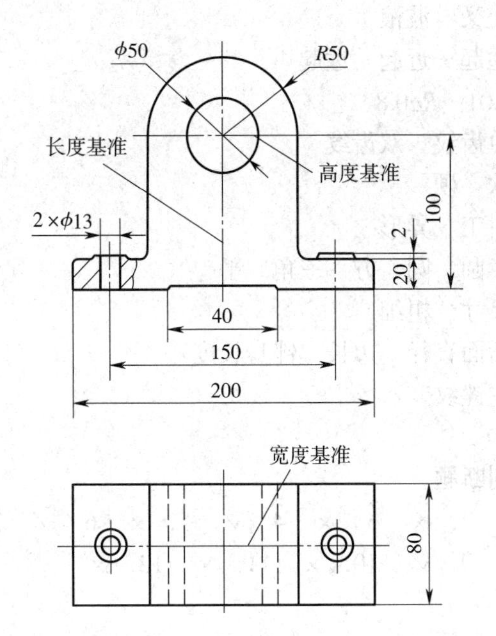
ϕ50
R50
长度基准
高度基准
2×ϕ13
100
2
20
40
150
200
宽度基准
80

§5–2　錾削、锯削与锉削

一、填空题

1．錾削

2．錾子　锤子

3．头部　切削部分

4．扁　尖　油槽

5．倒楔

6．楔角　后角　前角

7．正　反　紧　松　腕　肘　臂

8．锯削

9．固定　可调

10．长度　粗细

11．分齿

12．交叉　波浪

13．远起　近起　远起

14．0.01　*Ra*0.8

15．单齿纹　双齿纹

16．软　硬

17．钳工　异形

18．半圆　圆　方　三角　平

19．尺寸　粗细

20．断面直径　边长　锉身长度

21．主锉纹

22．40

二、判断题

1．✓　2．×　3．×　4．✓　5．×　6．✓　7．✓

8．✓　9．✓　10．×　11．×　12．×

三、选择题

1. C 2. B 3. C 4. D 5. A 6. A 7. B 8. C
9. B 10. C

四、简答题

1. 钳工常用的錾子有扁錾（阔錾）、尖錾（狭錾）和油槽錾。

扁錾（阔錾）切削部分扁平，刃口略带弧形，主要用于錾削平面、分割材料及去除毛边等。尖錾（狭錾）切削刃两侧面略带倒锥，以防錾削沟槽时，錾子被槽卡住，主要用于錾削沟槽和分割曲线形板材。油槽錾切削刃较短并呈圆弧形，且与油槽截面一致，其切削部分常做成弯曲形状，便于在曲面上錾削油槽。

2. 錾子前面与后面之间的夹角称为楔角。楔角小，錾削省力，但刃口薄弱，容易崩损；楔角大，錾削费力，錾削表面不易平整。

3. 錾子后面与切削平面之间的夹角称为后角。后角大小取决于錾削时錾子被掌握的方向，其作用是减小后面与切削表面之间的摩擦。后角不能过大，否则会使錾子切入过深；后角也不能太小，否则錾子容易滑出工件表面，一般后角为5°～8°。

4. 錾子前面与基面之间的夹角称为前角。前角的作用是减少錾削时切屑的变形，减少切削阻力。前角越大，切削越省力。

5.（1）工件夹持要牢固，工件尽量装夹在台虎钳钳口的中间位置，必要时在工件下面垫一木块。

（2）錾削平面时，应从工件的边缘尖角处轻轻地起錾，将錾子头部向下倾斜，先錾出一小斜面，再将錾子逐渐放正进行分层錾削。

（3）錾槽时必须从正面起錾，将錾子切削刃抵紧起錾位置，錾子头部向下倾斜，待錾出一小斜面后，再按正常角度进行錾削。

（4）当錾削距尽头约10 mm时，必须掉头錾去余下的部分，以防材料崩裂。

6.（1）工件夹持牢靠，同时防止工件装夹变形或夹坏已加工表面。

（2）合理选择锯条的粗细规格。

（3）锯条的安装应正确，锯齿应朝前、锯条松紧要适当。

（4）选择正确的起锯方法。起锯有远起锯和近起锯两种，为避免锯齿被卡住或崩裂，一般应尽量采用远起锯。起锯时起锯角要小些，一般不大于15°。

（5）锯削姿势正确，压力和速度适当。一般锯削速度为40次/min左右。

7．挥锤方法有腕挥、肘挥和臂挥三种方法。

（1）腕挥是用手腕的运动挥锤，锤击力较小，采用紧握法握锤，一般用于錾削余量较少及錾削开始或结尾的场合。

（2）肘挥是用手腕与肘部一起挥动，锤击力较大，应用最广。

（3）臂挥是用手腕、肘和大臂一起挥锤，锤击力最大，常采用松握法握锤，用于需要大力錾削的工作。

8．锯条的分齿是指锯条在制造时，使锯齿按一定的规律左右错开，排成一定的形状，以提供锯切间隙。

锯条分齿的目的是减小锯缝对锯条的摩擦，使锯条在锯削时不被锯缝夹住或折断，以确保锯削顺利进行。

五、应用题

锉削时身体重心要落在左脚上，右膝伸直，左膝部呈弯曲状态，并随锉的往复运动而屈伸。锉削开始时，身体向前倾斜10°左右；锉刀推进前1/3行程时，身体前倾至15°左右；锉刀推进中间1/3行程时，身体逐渐向前倾斜至18°左右；锉刀推进最后1/3行程时，右肘继续向前推进锉，身体自然地退回到15°左右。当锉削行程结束后，将锉刀略提起退回原位，同时，身体恢复到初始状态。

§5–3 孔 加 工

一、填空题

1. 实体 已有的孔

2. 钻孔

3. 主 进给

4. 台式 立式 摇臂

5. 五 六 三

6. 传递动力

7. 切削 导向

8. 螺旋 顶

9. 最大 越小

10. 30°

11. 直线 凹形 凸形

12. 30° *d*/3 –60° ~ –54° –30°

13. 主切削刃 横刃

14. 扩孔

15. 0.5 ~ 0.7 1.5 ~ 2 1/2

16. 锪孔

17. 尺寸精度 表面质量

18. 导锥 切削锥

19. m6

20. 分屑槽

二、判断题

1. ✓ 2. ✓ 3. × 4. × 5. × 6. × 7. ✓
8. ✓ 9. ✓ 10. × 11. ✓ 12. × 13. ✓
14. ✓ 15. ✓

三、选择题

1. D 2. A 3. A 4. B 5. C 6. B 7. B 8. C

四、简答题

1．钻削时钻头是在半封闭的状态下进行切削的，转速高，切削量大，排屑困难，摩擦严重，钻头易抖动，所以加工精度低，一般尺寸精度只能达到 IT11 ~ IT10，表面粗糙度值只能达到 Ra50 ~ 12.5 μm。

2．麻花钻由钻体和钻柄组成。

钻柄是麻花钻的夹持部分，主要用来连接钻床主轴并传递动力。

麻花钻的钻体包括切削部分（又称钻尖）和由两条刃带形成的导向部分及空刀。切削部分承担着主要的切削工作；导向部分用来保持麻花钻钻孔时的正确方向，同时副切削刃可修光孔壁。空刀的作用是在磨制麻花钻时做退刀槽使用，通常锥柄麻花钻的规格、材料及商标也打印在此处。

3．麻花钻副切削刃（俗称刃带）上选定点的切线与包含该点及轴线组成的平面间的夹角称为螺旋角。麻花钻不同直径处的螺旋角是不同的，外径处螺旋角最大，越接近中心螺旋角越小。螺旋角增大则前角增大，有利于排屑，但钻头刚度下降。标准麻花钻外缘处的螺旋角通常为 30°。

4．顶角越小，轴向力越小，外缘处刀尖角越大，有利于散热。但在相同条件下，所受扭矩增大，切屑变形加剧，排屑困难。

5．前角大小决定着切除材料的难易程度和切屑在前面上的摩擦阻力的大小，前角越大，切削越省力。由于麻花钻的前面是一个螺旋面，所以主切削刃上的前角大小是变化的，外缘处最大，可达 γ_o=30°，自外向内逐渐减小，在钻芯至 d/3 范围内为负值，横刃处的前角 γ_o=−60° ~ −54°，接近横刃处的前角 γ_o=−30°。

6．钻孔时，由于背吃刀量已由孔径所定，所以只需选择切削速度和进给量。对钻孔生产效率的影响，切削速度 v_c 比进给

量 f 大；对孔的表面粗糙度的影响，进给量 f 比切削速度 v_c 大。综合以上的影响因素，钻削时切削用量的选用原则是：在允许范围内，尽量先选较大的进给量 f，当 f 受到表面粗糙度和钻头刚度的限制时，再考虑选较大的切削速度 v_c。

具体选择切削用量时，应根据钻头直径、钻头材料、工件材料、加工精度及表面粗糙度等方面的要求选取。

7.（1）扩孔钻因中心不切削，无横刃，切削刃只做成靠边缘的一段，避免了由横刃切削所引起的不良影响。

（2）因扩孔产生的切屑体积小，不需大容屑槽，故扩孔钻可加粗钻芯，以提高刚度，使切削平稳。

（3）由于容屑槽较小，扩孔钻可做出较多刀齿，增强导向作用，一般整体式扩孔钻有 3 ~ 4 个主切削刃。

（4）扩孔时，背吃刀量较小，切屑易排出，切削阻力小。

（5）由于扩孔时的切削条件优于钻孔，因此扩孔精度可达 IT9，表面粗糙度值可达 $Ra3.2\ \mu m$，常作为孔的半精加工及铰孔前的预加工。

8．用铰刀从工件孔壁上切除微量金属层，以提高其尺寸精度和表面质量的方法，称为铰孔。

铰刀是精度较高的多刃刀具，具有切削余量小、导向性好、加工精度高等特点。一般尺寸精度为 IT9 ~ IT7，表面粗糙度值为 $Ra3.2 \sim 0.8\ \mu m$。

9．整体圆柱铰刀由柄部和刀体组成。

柄部起夹持作用。刀体是铰刀的主要工作部分，它包含导锥、切削锥和校准部分。导锥用于将铰刀引入孔中，不起切削作用；切削锥承担主要的切削任务；校准部分有圆柱刃带，主要起定向、修光孔壁、保证铰孔直径等作用。

10．铰削余量太大会使切削刃负荷增大，变形增大，被加工表面呈撕裂状态，同时加剧铰刀磨损。余量太小，上道工序所留下的切削刀痕不能全部去除，达不到铰孔精度要求。

五、应用题

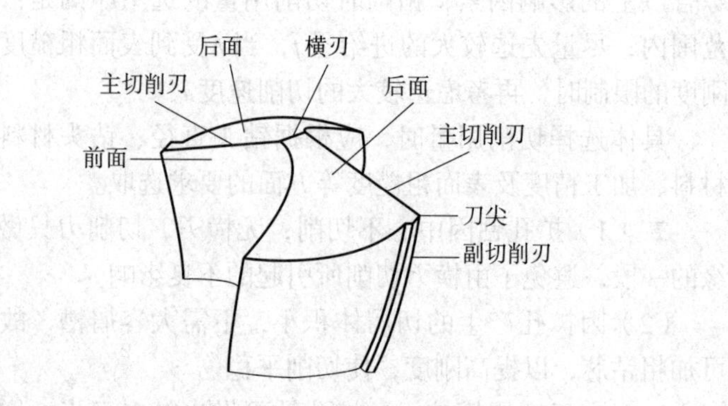

§5–4 螺纹加工

一、填空题

1．攻螺纹

2．内螺纹　柄部　切削锥　校准部分

3．相等　初锥

4．单　工作

5．切削　引导　校准

6．丝锥　丁字

7．挤压　稍大于

8．$D_{孔}=D-P$

9．$D_{孔}=D-(1.05\sim1.1)P$

10．大于

11．头锥　二锥　精锥

12．套螺纹

13．板牙　板牙架

14．切削　校准

15．切削　小于

二、判断题

1. ✓ 2. ✓ 3. ✓ 4. × 5. × 6. ✓ 7. ✓

三、选择题

1. D 2. C 3. B 4. D 5. B

四、简答题

1.（1）攻螺纹前应在孔口倒角（通孔螺纹两端均倒角），倒角直径可略大于螺纹公称直径，以方便丝锥顺利切入，并可防止孔口挤出毛刺。

（2）起攻时，要尽量把丝锥放正，然后对丝锥施加压力并转动铰杠。当丝锥切入 1 ~ 2 圈时，应从不同的方向仔细检查丝锥与工件表面的垂直度，并逐步进行校正。

（3）丝锥切入 3 ~ 4 圈螺纹时，必须两手均匀用力转动铰杠，不应再对丝锥施加压力，否则螺纹牙型将被损坏。每扳转铰杠 1/2 ~ 1 圈，就应倒转 1/4 ~ 1/2 圈，使切屑碎断后容易排出，并可减少切削刃因粘屑而使丝锥卡住的现象。

2. 套螺纹前应将圆杆顶端倒角 15° ~ 20°，以便板牙切入，圆锥的最小直径应稍小于螺纹小径。开始套螺纹时要尽量使板牙端面与圆杆垂直，并适当施加向下的压力，同时按顺时针方向扳动板牙架。当切入 1 ~ 2 牙后再次校验垂直度，然后不再施加向下的压力，只两手用力均匀转动板牙架即可。在套螺纹过程中，要经常反转 1/4 圈，使切屑断碎及时排屑，并加注适当切削液。

五、应用题

1. M12 的螺纹，螺距 P=1.75 mm

钢件攻螺纹底孔直径：

$D_{孔}=D-P=12\text{ mm}-1.75\text{ mm}=10.25\text{ mm}$

取 $D_{孔}=10.2$ mm（按钻头直径标准系列取一位小数）

铸铁件攻螺纹底孔直径：

$D_{孔}=D-(1.05 \sim 1.1)P$

$=12\ \text{mm}-(1.05\sim1.1)\times1.75\ \text{mm}$

$=12\ \text{mm}-(1.837\ 5\sim1.925)\ \text{mm}$

$=(10.162\ 5\sim10.075)\ \text{mm}$

取 $D_{孔}=10.1\ \text{mm}$（按钻头直径标准系列取一位小数）

底孔深度：

$H_{孔}=h_{有效}+0.7D=35\ \text{mm}+0.7\times12\ \text{mm}=43.4\ \text{mm}$

在钢件上钻底孔钻头的直径为 10.2 mm；在铸铁件上钻底孔钻头的直径为 10.1 mm；钻孔深度为 43.4 mm。

2．$d_{杆}=d-0.13P=12\ \text{mm}-0.13\times1.75\ \text{mm}\approx11.77\ \text{mm}$

套 M12 螺纹时的圆杆直径为 11.77 mm。

§5–5　刮削与研磨

一、填空题

1．刮削

2．尺寸　接触　存油

3．粗　细　精

4．三角　蛇头

5．精确性　平面

6．红丹粉　普鲁士蓝油　铸铁　精密

7．橘红　红褐

8．25 mm × 25 mm

9．粗刮　细刮　精刮

10．斜纹　鱼鳞　半月

11．研磨

12．IT3　*Ra*0.008

13．低　耐磨　稳定

14．平板　环　棒

15．分散剂

16．切削　粒度

17. 稀释　润滑　冷却

18. 旋转　往复

二、判断题

1. ×　2. ×　3. ×　4. ×　5. ×　6. ×　7. ✓

8. ×　9. ✓　10. ✓　11. ✓　12. ✓

三、选择题

1. B　2. A　3. C　4. B　5. C　6. C　7. A　8. C

9. B　10. B

四、简答题

1. 刮削加工后的工件表面，由于多次反复地受到刮刀的推挤和压光作用，工件表面组织变得比原来紧密，并能获得很高的尺寸精度、形状精度、接触精度和很小的表面粗糙度值。可使运动部件的接触面改善存油条件，以减小摩擦。同时，它还具有切削量小、切削力小、产生热量小、装夹变形小等特点。但其劳动强度大，生产效率低。

2. 为了保证零件的刮削质量，进一步提高生产效率，刮削时一般按粗刮、细刮、精刮和刮花的步骤进行。

（1）粗刮，用粗刮刀在刮削面上均匀地铲去一层较厚的金属。目的是去除余量、锈斑及机械刀痕，可采用连续推铲法，使刮削的刀迹连成长片。研点时，显示剂可调得适当稀些，当粗刮到每 25 mm × 25 mm 方框内有 3 ~ 4 个研点，粗刮结束。

（2）细刮，用细刮刀在经粗刮的表面上刮去稀疏的大块研点，进一步改善不平现象。细刮时可采用短刮法，且随着研点的增多，刀迹逐步缩短。在每刮一遍时，都需按一定方向刮削，刮第二遍时要与第一遍交叉方向刮削，以消除原方向的刀迹。研点时，显示剂可调得适当干些，要求涂得薄而均匀。当达到每 25 mm × 25 mm 方框内有 10 ~ 14 个研点时，细刮结束。

（3）精刮，用精刮刀在细刮的基础上，通过点刮法进一步增加研点，改善表面质量，使刮削面符合各项精度要求。精刮时刀迹要更小，不能重复，落刀要轻，起刀要快，并始终交叉地进行刮削。其显示剂应涂得更薄，只轻微改变刮削面的颜色即可。

3．刮花的目的一是增加刮削面的美观程度；二是改善滑动件之间的润滑条件，并且还可以根据花纹消失的多少来判断平面的磨损程度。但是，在接触精度要求高、研点要求多的工件中，不应该刮成大块花纹，否则不能达到所要求的刮削精度。

4．研具材料的硬度应比被研磨工件低，组织细致均匀，具有较高的耐磨性和稳定性，有较好的嵌存磨料的性能等。

5．常用的研具材料有灰铸铁、球墨铸铁、软钢和铜。

（1）灰铸铁具有硬度适中、嵌入性好、价格低、研磨效果好等特点，是一种应用广泛的研磨材料。

（2）球墨铸铁比灰铸铁的嵌入性更好，且更加均匀、牢固，常用于精密工件的研磨。

（3）软钢韧性较好，不易折断，常用来制作小型工件的研具。

（4）铜的性质较软，嵌入性好，常用来制作研磨软钢类工件的研具。

6．研磨剂由磨料、分散剂和辅助材料组成。

（1）磨料在研磨中起切削作用。

（2）分散剂使磨料均匀分散在研磨剂中，并起稀释、润滑和冷却等作用。

（3）辅助材料主要是混合脂，在研磨过程中起乳化、润滑和吸附作用，并促使工件表面产生化学变化，生成易脱落的氧化膜或硫化膜，借以提高加工效率。此外，辅助材料中还有着色剂、防腐剂和芳香剂等。

第六章　车　削

§6-1　车　床

一、填空题

1. 主　进给
2. 外螺纹　莫氏锥
3. 回转
4. 进给量　进给运动　丝杠　光杠
5. 分配　滑板
6. 旋转
7. 刀具
8. 光杠　丝杠　光杠　丝杠　直线
9. 径向　轴向
10. 垂直　水平
11. 小　大
12. IT13 ~ IT6　*Ra*12.5 ~ 1.6

二、判断题

1. ×　2. ×　3. ×　4. ×　5. ✓　6. ✓　7. ✓
8. ×　9. ✓　10. ✓　11. ✓　12. ×　13. ×
14. ×　15. ×

三、选择题

1. B　2. A　3. C　4. A　5. D　6. B

四、简答题

1. CA6140 型卧式车床主要部件有主轴箱、交换齿轮箱、进给箱、溜板箱、刀架、尾座、床身、照明、冷却装置等。

2. 进给箱是改变进给量、传递进给运动的变速机构。它把交换齿轮箱传递过来的运动，经过变速后传递给丝杠或光杠。

3．车床的溜板箱是纵、横向进给运动的分配机构。通过溜板箱将光杠或丝杠的转动变为滑板的移动，溜板箱上装有各种操纵手柄及按钮，可以方便地选择纵、横机动进给运动，并使其接通、断开及变向。溜板箱内设有互锁装置，可限制光杠和丝杠，只能单独运动。

4．在车床上可以车外圆、车端面、车槽、切断、车圆锥、车成形面、滚花、钻中心孔、钻孔、扩孔、铰孔、车孔、车各种螺纹及盘绕弹簧等。如果在车床上装上其他附件和夹具，还可以进行磨削、研磨、抛光以及加工各种复杂形状的零件的外圆、内孔等。

5.（1）车削适合于加工各种内、外回转表面。车削的加工精度范围为 IT13 ~ IT6，表面粗糙度值为 Ra12.5 ~ 1.6 μm。

（2）车刀结构简单，制造容易，刃磨及装拆方便。便于根据加工要求对刀具材料、几何参数进行合理选择。

（3）车削对工件的结构、材料、生产批量等有较强的适应性，因此应用广泛。除可车削各种钢材、铸铁、有色金属外，还可以车削玻璃钢、夹布胶木、尼龙等非金属材料。对于一些不适合磨削的有色金属材料可以采用金刚石车刀进行精细车削，能获得很高的加工精度和很小的表面粗糙度值。

（4）除毛坯表面余量不均匀外，绝大多数车削为等切削横截面的连续切削，因此，切削力变化小，切削过程平稳，有利于高速切削和强力切削，生产效率高。

五、应用题

a）钻中心孔，b）车外圆，c）车端面，d）车孔，e）车圆锥面，f）车成形面。

§6-2 车床的工艺装备

一、填空题

1. 刀具　夹具　模具

2. 夹具

3. 专用　卡盘　顶尖

4. 卡盘体　活动卡爪

5. 自定心　单动

6. 固定　回转　固定　固定　回转

7. 刚度　两头细　中间粗

8. 导轨　床鞍

9. 外圆　端面

10. 工件两端的中心孔

11. 中心架　跟刀架

12. 花盘　角铁

13. 花盘

14. 角铁

15. 弯板　垂直

二、判断题

1. ✓　2. ×　3. ✓　4. ×　5. ✓　6. ✓　7. ×
8. ×　9. ✓　10. ×　11. ✓　12. ✓　13. ✓
14. ×

三、选择题

1. A　2. B　3. B　4. C　5. B　6. D　7. A　8. B
9. C

四、简答题

1. 工艺装备简称“工装”，是指产品制造过程中所用的各种工具总称，包括刀具、夹具、模具、量具、检具、辅具、钳工工具和工位器具等。其作用是保证加工质量、提高劳动生产效率、改善劳动条件。

2. 用以装夹工件（和引导刀具）的装置称为夹具。常见的车床通用夹具有卡盘、顶尖、中心架、跟刀架、花盘等。

3. 三爪卡盘又称三爪自定心卡盘。其夹紧力较小，装夹工件方便、迅速，不需找正，具有较高的自动定心精度，特别适合装夹轴类、盘类、套类等工件，但不适合装夹形状不规则的工件。

四爪卡盘又称四爪单动卡盘。四爪卡盘有很大的夹紧力，其卡爪可以单独调整，因此特别适合装夹形状不规则的工件。但装夹较慢，需要找正，而且找正的精度主要取决于操作人员的技术水平。

4. 对于细长的轴类工件一般可以用两种方法进行装夹：其一是用车床主轴的卡盘和车床尾座上的后顶尖装夹工件；其二是工件的两端均用顶尖装夹定位，利用拨盘和鸡心夹头带动工件旋转。前一种方法仅适合一次性装夹，进行多次装夹时很难保证工件的定位精度；后一种方法可用于多次装夹，并且不会影响工件的定心精度。

5. 中心架固定在车床导轨上，由上下两部分组成。上半部分可以翻转，以便放入工件。中心架内有三个可以调节的径向支爪，支爪一般都是铜质的。

跟刀架固定在床鞍上并随床鞍一起移动。跟刀架有两个（或三个）支爪，车刀装在这两个（或三个）支爪的对面稍微靠前的位置，并依靠背向力及工件的自重作用使工件紧靠在两个（或三个）支爪上。

6. 一是在卡盘内装一个轴向限位支撑；二是在工件被夹持部位车削一个长 10 ~ 20 mm 的工艺台阶作为限位支撑。

五、应用题

由图可知，该工件为细长轴，精加工时可采用两顶尖及鸡心夹头装夹工件的方法进行装夹。若工件的刚度较差，为防止工件弯曲变形，可使用中心架或跟刀架辅助装夹工件。

§6–3　车削工艺方法

一、填空题

1. 旋转　纵向
2. 粗车　半精车　精车
3. 精度　质量
4. 等高
5. 槽宽
6. 直槽　V
7. 直径
8. 等高　圆锥半角
9. 成形　成形
10. 转动小滑板法
11. 成形　仿形　曲线
12. 双手控制　成形　仿形
13. 中滑板　小滑板　中滑板　床鞍
14. 素线　回转　横向
15. 仿形装置
16. 三角形　梯形
17. 牙型　螺距
18. 高速钢　硬质合金
19. 60°　0°～15°
20. 等高　垂直
21. 提开合螺母　开倒顺车
22. 通孔　盲孔
23. 刚度　排屑
24. 截面积　伸出长度
25. 流出　待加工

二、判断题

1. × 2. ✓ 3. × 4. × 5. × 6. × 7. ✓
8. × 9. ✓ 10. ✓ 11. ✓ 12. ✓ 13. ×
14. ✓ 15. ✓ 16. × 17. ✓ 18. ✓ 19. ✓
20. ×

三、选择题

1. A 2. C 3. A 4. C 5. D 6. B 7. A 8. D
9. C 10. B 11. C 12. D

四、简答题

1. 外圆表面的一般车削步骤可分为粗车、半精车、精车和精细车。粗车的目的是改变毛坯的不规则形状，提高生产效率；半精车的目的是提高粗车后的表面精度和质量；精车的目的是保证尺寸精度和几何精度，尽量减少工艺系统变形；精车的目的是进一步提高加工质量。

2. 车削圆锥必须满足的条件是：刀尖与工件轴线必须等高；刀尖在进给运动中的轨迹是一直线，且该直线与工件轴线的夹角等于圆锥半角 $\alpha/2$。在车床上车削外圆锥的方法主要有宽刃刀车削法、转动小滑板法、偏移尾座法、仿形（靠模）法四种。

3. 成形面的车削方法主要有双手控制法、成形法和仿形法。

4. 装夹螺纹车刀时，车刀刀尖应与车床主轴轴线等高，螺纹车刀两刀尖半角的对称中心线应与工件轴线垂直，装刀时可用螺纹对刀样板校正。如果对刀不准，将车刀装歪，会使车出的螺纹两牙型半角不相等，产生歪斜牙型（俗称倒牙）。

外螺纹车刀伸出刀架的长度不宜过长，一般为刀柄厚度的1.5倍，为25 ~ 30 mm。内螺纹车刀伸出刀架的长度大于内螺纹长度10 ~ 20 mm，装夹好的内螺纹车刀应手动在螺纹底孔内试走一次，检查刀柄是否与底孔干涉。

5. 常采用的螺纹车削方法有提开合螺母法和开倒顺车法两种。

（1）提开合螺母法车螺纹。每次进给终了时，横向退刀，同时提起开合螺母，然后手动将溜板箱返回起始位置，调整好背吃刀量后，压下开合螺母再次进给车削螺纹，如此重复循环使总背吃刀量等于牙型深度，螺纹符合规定要求为止。车削过程中，每次提、压开合螺母应果断、有力。

（2）开倒顺车法车螺纹。每次进给终了时，先快速横向退刀，随后开反车使工件和丝杠都反转，丝杠驱动溜板箱返回起始位置时，调整背吃刀量后，改为正车重复进给。采用这种方法车削螺纹时，开合螺母始终与丝杠啮合，车刀刀尖相对工件的运动轨迹不变，即使丝杠螺距不是工件螺距的整数倍，也不会产生乱牙现象。但车刀回程时间较长，生产效率低，且丝杠容易磨损。

6. 车孔的关键技术是解决内孔车刀的刚度和排屑问题。

（1）增加内孔车刀的刚度

1）尽可能增加刀柄的截面积。一般内孔车刀的刀尖位于刀柄的上面，刀柄的截面积较小，仅有内孔截面积的 1/4 左右。如果使内孔车刀的刀尖位于刀柄的中心线上，这样刀柄的截面积可达到最大程度。内孔车刀的后面如果刃磨成一个大后角，刀柄的截面积必然减小。如果刃磨成两个后角，或将后面磨成圆弧状，则既可防止内孔车刀的后面和孔壁摩擦，又可使刀柄的截面积增大。

2）减小刀柄的伸出长度。刀柄伸出越长，内孔车刀刚度越低，容易引起振动。刀柄伸出长度只要略大于孔深即可。

（2）控制切屑流向

解决排屑问题主要是控制流出方向。精车孔时要求切屑流向待加工表面（前排屑），为此，采用正刃倾角的内孔车刀。车削盲孔时采用负的刃倾角，使切屑向孔口方向排出。

五、计算题

（1）$d=120\ \text{mm}-200\ \text{mm}\times 1/50=116\ \text{mm}$

$\alpha=2\arctan\left[(120\ \text{mm}-116\ \text{mm})/(2\times 200\ \text{mm})\right]=1°\ 8'45.2''$

（2）$S=L_0(D-d)/(2L)=350\ mm\times(120\ mm-116\ mm)/(2\times 200\ mm)=3.5\ mm$

六、应用题

该工件形状较简单，结构尺寸变化不大，为一般用途的轴。

工件有 3 个外圆柱面、2 个直槽，两端外圆柱面轴线同轴度公差为 ϕ0.02 mm，中间外圆柱面圆柱度公差为 0.04 mm，且只允许左大右小，工件精度要求较高。因此，加工时应分粗、精加工。粗加工时采用一夹一顶的装夹方法，精加工时采用两顶尖支撑装夹方法，车槽安排在精车后进行。为保证工件对圆柱度的要求，粗加工阶段应找正好车床的锥度。

第七章　铣削与镗削

§7–1　铣　　削

一、填空题

1. 主　进给
2. 卧式　立式
3. 水平　垂直
4. 平面　沟槽
5. 平面　沟槽　斜面　齿轮
6. 横梁　立柱　3 ~ 4　主
7. IT9 ~ IT7　*Ra*12.5 ~ 1.6
8. 板类　矩形
9. 回转　分度定位
10. 压板　垫铁
11. 主轴　平面
12. 直　直

13．圆周　立式

14．两　容屑

15．卧式　圆周　螺旋

16．圆周表面　两侧面

17．铣削速度 v_c　铣削宽度 a_e

18．铣削速度

19．进给量 f　铣削速度 v_c

20．周铣　端铣　周铣　端铣

21．周铣

22．顺铣　逆铣

23．顺铣

24．逆铣

25．对称铣削　不对称顺铣　不对称逆铣

26．圆柱　端

27．盘形　立

28．直槽　T 形槽

29．万能分度头

30．龙门　卧式

二、判断题

1．×　2．×　3．✓　4．×　5．×　6．×　7．✓

8．✓　9．✓　10．×　11．×　12．×　13．✓

14．✓　15．✓　16．×　17．×　18．✓　19．×

20．×

三、选择题

1．A　2．A　3．C　4．B　5．C　6．D　7．A　8．A

9．A　10．A　11．C　12．D

四、名词解释

1．铣削时铣刀切削刃上选定点相对于工件主运动的瞬时速度称为铣削速度。

2. 在垂直于铣刀轴线方向、工件进给方向上测得的切削层尺寸，称为铣削宽度。

3. 用分布在铣刀圆周面上的切削刃铣削并形成已加工表面。

4. 用分布在铣刀端面上的切削刃铣削并形成已加工表面。

5. 铣削时，铣刀的圆周刃与端面刃同时参与切削。

6. 在铣刀与工件已加工面的切点处，铣刀旋转切削刃的运动方向与工件进给方向相同的铣削称为顺铣。

7. 在铣刀与工件已加工面的切点处，铣刀旋转切削刃的运动方向与工件进给方向相反的铣削称为逆铣。

五、简答题

1. 在铣床上使用各种不同的铣刀，可以完成平面（平行面、垂直面、斜面）、台阶、槽（直角槽、V 形槽、T 形槽、燕尾槽等）、特形面和切断等加工；配合分度头等铣床附件，还可以完成花键轴、齿轮、螺旋槽等加工。在铣床上还可以进行钻孔、铰孔和铣孔等工作。

2.（1）以铣刀的旋转运动为主运动，切削速度较高，加工位置调整方便，除加工狭长平面外，其生产效率均高于刨削。

（2）采用多刃刀具加工，刀齿轮换切削，刀具冷却效果好，寿命长。铣削时，切削力是变化的，会产生冲击或振动，影响加工精度和工件表面粗糙度。

（3）铣床加工生产效率高，加工范围广，铣刀种类多，适应性强，且具有较高的加工精度。其经济加工精度一般为 IT9 ~ IT7，表面粗糙度值一般为 Ra12.5 ~ 1.6 μm。精细铣削精度可达 IT5，表面粗糙度值可达到 Ra0.2 μm。

（4）适于加工平面类及沟槽类零件，特别适合模具等形状复杂的组合体零件的加工，在模具制造等行业中占有非常重要的地位。

3. 利用分度刻度环、游标、定位销和分度盘以及交换齿轮，将装夹在顶尖间或卡盘上的工件进行圆周等分、角度分度、直线移距分度。辅助机床利用各种不同形状的刀具进行各种多边形、花键、齿轮等的加工工作，并可通过配换齿轮与工作台纵向丝杠连接加工螺纹、等速凸轮等，从而扩大了铣床的加工范围。

4. 回转工作台带有可转动的回转工作台台面，用以装夹工件并实现回转和分度定位。主要用于在其圆工作台面上装夹中、小型工件，进行圆周分度和做圆周进给铣削回转曲面，如有角度、分度要求的孔或槽、工件上的圆弧槽、圆弧外形等。

5. 万能铣头安装于卧式铣床主轴端，由铣床主轴驱动立铣头主轴回转，使卧式铣床起立式铣床的功用，从而扩大了卧式铣床的工艺范围。

6. 立铣刀的刀齿分布在圆柱面和端面上，其形式很像带柄的面铣刀，用途较为广泛，可以用于铣削各种形状的槽和孔、台阶平面和侧面、各种盘形凸轮与圆柱凸轮、内外曲面等。

7. 键槽铣刀是专门加工键槽用的立铣刀，它与一般立铣刀的不同之处在于只有两个刀齿，以保证刀齿有足够的强度和较大的容屑空间。键槽铣刀主要用于铣削键槽。

8. 在保证加工质量、降低加工成本和提高生产效率的前提下，选择铣削用量的原则是铣削宽度 a_e（或背吃刀量 a_p）、进给量 f、铣削速度 v_c 的乘积最大。这时工序的切削工时最少。

在机床动力和工艺系统刚度允许并具有合理的刀具寿命的条件下，粗铣时按铣削宽度 a_e（或背吃刀量 a_p）、进给量 f、铣削速度 v_c 的次序选择和确定铣削用量，以尽快地去除工件的加工余量。在确定铣削用量时，应尽可能地选择较大的铣削宽度 a_e（或背吃刀量 a_p），然后按工艺装备和技术条件的允许选择较大的每齿进给量 f_z，最后根据铣刀使用寿命选择允许的铣削速度 v_c。

9. 周铣时，铣刀的旋转轴线与工件被加工表面平行；端铣时，铣刀的旋转轴线与工件被加工表面垂直。

10.（1）面铣刀的副切削刃对已加工表面有修光作用，能使表面粗糙度值降低，周铣的工件表面则有波纹状残留面积。

（2）同时参加切削的面铣刀齿数较多，切削力的变化程度较小，因此工作时振动比周铣更小。

（3）面铣刀的主切削刃刚接触工件时，切削厚度不等于零，使切削刃不易磨损。

（4）面铣刀的刀杆伸出较短，刚度高，刀杆不易变形，可选用较大的切削用量。

由此可见，端铣的加工质量和生产效率较高，所以铣削平面大多采用端铣。但是，周铣对加工各种型面的适应性较广泛，而有些型面（如成形面等）则不能用端铣。

11. 顺铣时，每个刀齿的切削厚度由最大减小到零，同时铣削力将工件压向工作台，减少了工件振动的可能性，尤其铣削薄而长的工件更为有利。顺铣有利于提高刀具使用寿命和工件表面质量，以及增加工件夹持的稳定性，但容易引起工作台向前窜动，造成进给量突然增大，甚至引起打刀。

逆铣时，水平分力与进给方向相反，不会引起工作台的窜动而造成打刀事故，故在生产中多采用逆铣方式。但是逆铣时刀齿与工件之间的摩擦力大，加速了刀具磨损，同时也使表面质量下降。逆铣时，铣削力会上抬工件，造成工件夹持不稳。

12. 当工件表面无硬皮、机床进给机构无间隙时，应选用顺铣，按照顺铣安排进给路线。因为采用顺铣加工后，零件已加工表面质量高，刀齿磨损小。精铣时，尤其是零件材料为铝镁合金、钛合金或耐热合金时，应尽量采用顺铣。当工件表面有硬皮、机床进给机构有间隙时，应选用逆铣，按照逆铣安排进给路线。因为逆铣时刀齿从已加工表面切入，不会崩刃；机床进给机构的间隙不会引起振动和爬行。

13. 端面铣削有对称铣削、不对称逆铣、不对称顺铣三种方式。

（1）对称铣削时切入角等于切出角，一半是逆铣削，一半是顺铣削。工件相对于铣刀回转中心处位于对称位置，具有最大的平均切削厚度，可避免铣刀切入时对工件表面的挤压、滑行，铣刀使用寿命长。在精铣机床导轨面时，可保证刀齿在加工表面冷硬层下铣削，能获得较高的表面质量。

（2）逆铣部分大于顺铣部分时，称为不对称逆铣。不对称逆铣切削平稳，切入时切削厚度小，减小了冲击，从而可使刀具使用寿命得以延长，加工表面质量得到提高。

（3）顺铣部分大于逆铣部分时，称为不对称顺铣。刀齿切出工件时，切削厚度较小，适用于切削强度低、塑性大的材料（如不锈钢、耐热钢等）。

六、应用题

1. a）周铣平面，b）端铣平面，c）铣直角沟槽，d）铣键槽，e）切断，f）铣 T 形槽。

2.

压板的铣削（单件、小批量）

加工步骤	加工内容	加工方法
1	下料	按照 130 mm × 55 mm × 25 mm 尺寸下料
2	铣削压板外形	采用机用平口钳装夹，应用面铣刀分层铣削各平面至尺寸要求
3	铣削斜面	斜面加工前要进行划线，采用倾斜工件法装夹工件，应用面铣刀分层铣削各斜面至尺寸要求
4	铣削直角沟槽	在工件表面划出沟槽的位置、轮廓线，并打上样冲眼；采用机用平口钳装夹工件，应用立铣刀铣削直角沟槽至尺寸要求
5	铣削封闭槽	加工前先进行划线，划出封闭槽的位置及轮廓线，并打上样冲眼；采用机用平口钳进行装夹，应用键槽铣刀铣削封闭槽至尺寸要求
6	检验	按零件图样要求，检测零件

§ 7–2　镗　　削

一、填空题

1. 主　进给

2. 孔系

3. 钻孔　扩孔　铰孔　划线　刻线

4. 立式单柱　立式双柱　卧式

5. 水平　垂向

6. 圆柱　螺纹　内外球面

7. 单刃　双刃

8. 普通单刃　单刃微调

9. 径向

10. 固定式　浮动

11. 悬臂　双支承

12. 操作者

二、判断题

1. ✓　2. ×　3. ×　4. ✓　5. ✓　6. ✓　7. ×
8. ✓　9. ✓　10. ✓

三、选择题

1. B　2. A　3. D　4. D

四、简答题

1. 坐标镗床的特点是具有测量坐标位置的精密测量装置，可以实现主轴或工作台的精密定位，并可在不使用任何刀具引导装置的前提下保证所加工孔与基准孔（或基面）间很高的位置精度。

2. 卧式铣镗床为通用机床，可进行钻孔、扩孔、镗孔、铰孔、锪平面及铣削等工作，同时机床带有固定的平旋盘，平旋盘中的滑块可做径向进给，因此，能镗削较大尺寸的孔以及车外圆、平面、切槽等。

3. 镗削主要用于加工箱体、支架和机座等工件上的圆柱孔、螺纹孔、孔内沟槽和端面，当采用特殊附件时，也可加工内外球面、锥孔等。

4. 按照镗杆上切削力作用点的位置，镗削加工方法分为悬臂镗削法和双支承镗削法。

（1）悬臂镗削法，只有一个支承点，镗杆处于悬臂状态，镗削时镗杆随主轴转动、工件移动。处于这种受力状态的镗杆刚度不足，所以只适用于加工不太长的单孔或距离较近的同轴孔。

（2）双支承镗削法，即镗杆一端装夹在机床主轴上，另一端用后柱支承，镗刀在两支承之间，大大提高了镗杆的刚度，适用于加工长轴孔或孔距较长的同轴孔系。

第八章　磨　　削

§8–1　磨　　床

一、填空题

1. 线速度

2. 固结　涂覆

3. 砂轮

4. 磨具　磨料　外圆　内圆

5. 圆柱形　头架　尾架

6. 头架　砂轮架

7. 回转中心　被磨削的外圆面

8. 圆柱形　圆锥形

9. 工件　加工孔

10. 平面　卧轴矩台　立轴矩台　卧轴圆台　立轴圆台

11. IT7 ~ IT6

12. 自锐

二、判断题

1. × 2. ✓ 3. ✓ 4. × 5. ✓ 6. × 7. ×

8. ✓ 9. ✓ 10. ✓ 11. ✓ 12. ×

三、选择题

1. C 2. B 3. A 4. C 5. A 6. D 7. C 8. B

四、简答题

1. 砂轮的回转运动是主运动，根据不同的磨削内容，进给运动可以是：砂轮的轴向、径向移动，工件的回转运动，工件的纵向、横向移动等。

2. 无心外圆磨床的工作原理如下：砂轮和导轮的旋转方向相同，砂轮以很大的圆周速度（为导轮的 70 ~ 80 倍）接触工件并带动其旋转，导轮则依靠摩擦力限制工件旋转，使工件的圆周线速度基本上等于导轮的线速度，从而在砂轮和工件间形成很大速度差产生磨削作用。改变导轮的转速，便可以调节工件的圆周进给速度。

3. 磨头主轴上砂轮的回转运动是主运动，进给运动有工作台的纵向进给运动、砂轮的横向和垂直进给运动。

4. 磨床可用来磨削各种内、外圆柱面，内、外圆锥面，平面，成形面等。

5.（1）磨削速度高；（2）磨削温度高；（3）能获得很好的加工质量；（4）磨削范围广；（5）少切屑；（6）砂轮在磨削中具有自锐作用。

§8–2 砂　　轮

一、填空题

1. 结合剂　磨料　结合剂　气孔

2. 粒度　硬度　组织

3. 磨粒　粒度

4. 磨料

5. 氧化物（刚玉）碳化物　天然超硬材料

6. 硬度　难易

7. 软　硬

8. 内部结构

9. 0 ~ 14　疏松

10. 磨料

11. 惯性力　破碎

12. 圆周

13. 磨具　标准

14. 平衡

15. 修整

二、判断题

1. ✓　2. ✓　3. ×　4. ×　5. ×　6. ✓　7. ×
8. ×　9. ×　10. ✓　11. ✓　12. ✓　13. ✓
14. ✓　15. ✓

三、选择题

1. A　2. B　3. D　4. B　5. D　6. D　7. D　8. A
9. A　10. C　11. A　12. A　13. A　14. B　15. B

四、简答题

1. 砂轮的特性由磨料、粒度、硬度、组织、结合剂、形状和尺寸、强度（最高工作速度）七个要素来衡量。

2. 固结磨具的标记由磨具名称、产品标准号、基本形状代号、圆周型面代号（若有）、尺寸（包括型面尺寸）、磨料牌号（可选性的）、磨料种类、磨料粒度、硬度等级、组织号（可选性的）、结合剂种类、最高工作转速组成。

3.（1）砂轮与法兰底盘轴颈之间应有 0.1 ~ 0.2 mm 的配合间隙。安装时不要太紧，也不能太松。

（2）如间隙太小，配合过紧装不下砂轮时，可用刮刀均匀地修刮砂轮内孔，一直刮到刚好能装入为止。

（3）如间隙太大，配合过松，则在法兰底盘轴颈处垫上一层纸片作为衬垫，以减小安装偏心。如果间隙相差太大，则需重新配对。

（4）直径较小的砂轮使用黏结剂紧固。

4．砂轮使用了一段时间后，工作表面会钝化，会出现磨粒钝化、磨粒急剧不均匀脱落、砂轮粘嵌堵塞等现象，从而使磨削效率下降。如继续磨削，将加剧砂轮的损坏，会使工件产生振动波纹，反而增大了工件表面粗糙度。因此，应对砂轮进行修整，使其恢复磨削性能。

五、应用题

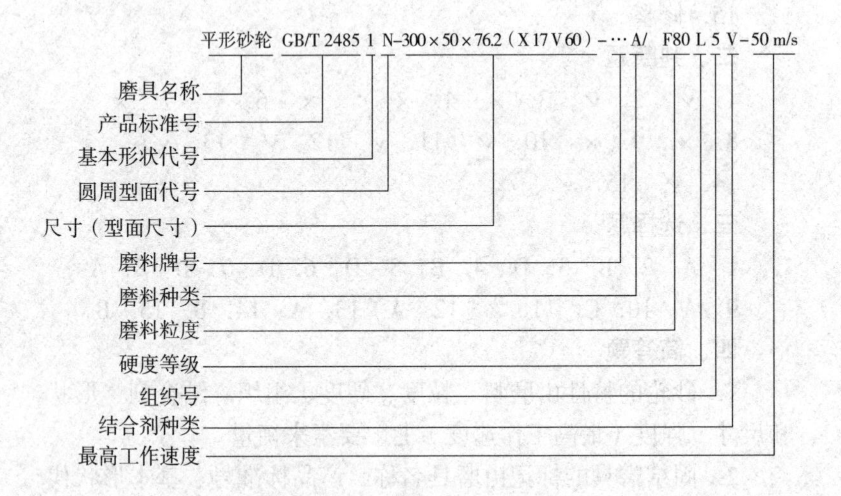

§8–3 磨削方法

一、填空题

1．纵向　横向　综合　深度

2．两顶尖装夹　三爪自定心卡盘装夹　四爪单动卡盘装夹

3．纵向磨削　横向磨削

4．转动工作台法　转动头架法　转动砂轮架法

5．横向磨削法　深度磨削法　台阶磨削法

6．电磁吸盘

7．电磁原理

8．圆周

二、判断题

1．✓　2．✓　3．✓　4．✓　5．×　6．×　7．✓

8．✓　9．✓　10．✓

三、选择题

1．D　2．B　3．C　4．A　5．D　6．D　7．C　8．A

四、简答题

1．与外圆磨削相比，内圆磨削有如下特点。

（1）砂轮与砂轮接长轴的直径都受到工件孔径的限制，因此，一方面磨削速度难以提高，另一方面磨具刚度较差，容易振动，使加工质量和生产效率受到影响。

（2）砂轮容易堵塞、磨钝，磨削时不易观察，冷却条件差。

（3）在外圆磨床上用内圆磨头磨削内圆主要用于单件、小批生产，在大批量生产中则宜使用内圆磨床磨削。

2．（1）工件装夹方便、迅速。

（2）工件装夹稳固牢靠。

（3）能同时装夹多个工件。

（4）工件的定位基准面被均匀地吸紧在台面上，减少了工件的平行度误差。

3．平面磨削方式有周边磨削、端面磨削、周边＋端面磨削三种。周边磨削又称圆周磨削，是用砂轮圆周面进行磨削的；端面磨削用砂轮的端面进行磨削；周边＋端面磨削，同时用砂轮的圆周和端面对工件进行磨削。

4．平面磨削方法主要有横向磨削法、深度磨削法及台阶磨

削法三种。横向磨削法适用于磨削长而宽的平面，也适用于相同小件按序排列、集合磨削；深度磨削法仅适用在刚度好、动力大的磨床上磨削平面尺寸较大的工件；台阶磨削法适用于磨削位置精度要求高的平面，生产效率高，但磨削时横向进给量不能过大，砂轮修整较麻烦，其应用受到一定限制。

第九章　刨削、插削和拉削

§9-1　刨　　削

一、填空题

1．水平

2．牛头　龙门

3．底座　横梁　床身　滑枕

4．顶部　前侧面　水平　垂直

5．抬刀板

6．刀架（滑枕）摆动导杆

7．横向　刨刀

8．曲柄摇杆

9．工作台　垂直刀架　侧刀架

10．工件　刨刀

11．平面　沟槽　曲面

12．弯颈　直杆

13．工作台（工件）刀架

14．直槽　左右弯切　倒角

15．IT9 ~ IT7　*Ra*12.5 ~ 1.6　IT6　*Ra*0.8 ~ 0.2

二、判断题

1．×　2．×　3．✓　4．✓　5．✓

三、选择题

1. C　2. A　3. B　4. C　5. D

四、简答题

1.（1）主运动为刀架（滑枕）的直线往复运动。电动机的回转运动经带传动机构传递到床身内的变速机构，然后由摆动导杆机构将回转运动转换成滑枕的直线往复运动。

（2）进给运动包括工作台的横向移动和刨刀的垂直（或斜向）移动。工作台的横向进给由曲柄摇杆机构带动横向运动丝杠间歇转动实现，在滑枕每一次直线往复运动结束后到下一次工作行程开始前的间歇中完成。刨刀的垂直（或倾斜）进给则通过手动转动刀架手柄使其做间歇移动完成。

2. 刨刀装夹时的要点：位置要正，刀头伸出长度应尽可能短，夹紧必须牢固。

3. 刨斜平面有两种方法：一是倾斜装夹工件，使工件被加工斜面处于水平位置，用刨水平面的方法加工；二是将刀架转盘旋转所需角度，摇动刀架手柄使刀架滑板（刀具）做手动倾斜进给。

4. 刨 V 形槽时，应根据工件的划线校正，先用直槽刀刨出底部直槽，然后换装偏刀，倾斜刀架和偏转刀座，用刨斜面的方法分别刨出 V 形槽的两侧面。

5.（1）刨削的主运动是直线往复运动，在空行程时做间歇进给运动。由于刨削过程中无进给运动，因此刀具的切削角不变。

（2）刨床结构简单，调整操作都较方便；刨刀为单刃工具，制造和刃磨较容易，价格低廉。因此，刨削生产成本较低。

（3）由于刨削的主运动是直线往复运动，刀具切入和切离工件时有冲击负载，因而限制了切削速度的提高，此外，还存在空行程损失，故刨削生产效率较低。

（4）刨削的加工精度通常为 IT9 ~ IT7，表面粗糙度值为

$Ra12.5\sim1.6\ \mu m$；采用宽刃刀精刨时，加工精度可达IT6，表面粗糙度值可达 $Ra0.8\sim0.2\ \mu m$。

§9–2 插 削

一、填空题

1．垂直

2．分度 变速

3．滑枕（插刀） 上滑座 下滑座 水平回转

4．外 内

5．尖刃 平刃

6．粗插 精插 对称度

7．对称度 等分

8．抬刀 让刀

二、判断题

1．✓ 2．✓ 3．× 4．✓ 5．× 6．✓ 7．×

8．✓

三、选择题

1．C 2．C 3．B 4．B 5．C

四、简答题

1．插削是在铅垂方向进行切削的，而刨削是在水平方向进行切削的。此外，刨削是以加工工件外表面上的平面、沟槽为主；而插削是以加工工件内表面上的平面、沟槽为主。

2．插削小方孔时，可采用整体方头插刀插削。插削较大的方孔时，采用单边插削的方法，按划线校正，先粗插（每边留余量0.2 ~ 0.5 mm），然后用90°角度刀头插去四个内角处未插去的部分。粗插时应注意测量方孔边至基准的尺寸，以保证尺寸精度和对称度要求。插削按第一边、第三边（对边）、第二边、第四边的顺序进行。

3．（1）插床与插刀的结构简单，加工前的准备工作和操作

也比较方便，但与刨削一样，插削时也存在冲击和空行程损失，因此，主要用于单件、小批量生产。

（2）插削的工作行程受刀杆刚度的限制，槽长尺寸不宜过大。

（3）插床的刀架没有抬刀机构，工作台也没有让刀机构，因此，插刀在回程时与工件相摩擦，工作条件较差。

（4）除键槽、型孔以外，插削还可以加工圆柱齿轮和凸轮等。

（5）插削的经济加工精度为IT9～IT7，表面粗糙度值为*Ra*6.3～1.6 μm。

§9–3　拉　　削

一、填空题

1．拉刀

2．液压

3．前导部　切削部　校准部　后导部

4．前导部

5．粗切　精切　0.02～0.1

6．校正　修光

7．10～100　3

8．非对称　拉力　导向板

二、判断题

1．✓　2．✓　3．×　4．×　5．✓　6．✓

三、选择题

1．C　2．D　3．A　4．C　5．D　6．D

四、简答题

1．拉刀由柄部、前导部、切削部、校准部、后导部等部分组成。

（1）柄部为拉刀安装于拉床时被刀架夹持的部分。

（2）前导部用来引导拉刀切削部分进入工作位置（如工件孔内），防止拉刀歪斜。

（3）切削部由许多刀齿组成，包括粗切齿和精切齿，用于切削工件。

（4）校准部起校正和修光作用，以提高加工精度和减小表面粗糙度值。

（5）后导部是保持拉刀在拉削过程中最后的准确位置，防止拉刀在即将离开工件时，因拉刀下垂而损伤已加工表面和拉刀刀齿。

2. 拉削分内拉削和外拉削。内拉削可以加工圆孔、方孔、多边形孔、键槽、花键孔、内齿轮等各种型孔（直通孔）。外拉削可以加工平面、成形面、花键轴的齿形、涡轮盘和叶片上的榫槽等。一些用其他加工方法不便加工的内、外表面，有时也可采用拉削加工。

3.（1）拉刀在一次行程中能切除加工表面的全部余量，所以拉削的生产效率较高。

（2）拉刀制造精度高，切削部分有粗切和精切之分，校准部分又可对加工表面进行找正和修光，所以拉削的加工精度较高，经济精度可达 IT9 ~ IT7，表面粗糙度值为 $Ra1.6 \sim 0.4$ μm。

（3）拉床采用液压传动，故拉削过程平稳。

（4）拉刀适应性差，一把拉刀只适于加工某一种尺寸和精度等级的一定形状的加工表面，且不能加工台阶孔、盲孔和特大直径的孔。由于拉削力很大，拉削薄壁孔时容易变形，所以薄壁件也不宜采用拉削。

（5）拉刀结构复杂，制造费用高，因此只有在大批量生产中才能显示其经济、高效的特点。

（6）拉削的孔径通常为 10 ~ 100 mm，孔的长度与孔径之比值不宜大于 3。拉削前的预加工孔不需要经过精确加工，钻削或粗镗后即可进行拉削。

第十章 齿 轮 加 工

§10–1 齿轮加工设备

一、填空题

1．运动 动力 直齿圆柱 斜齿圆柱

2．齿坯 齿形

3．成形法 展成法

4．圆柱 锥

5．滚齿 插齿 剃齿

6．直齿 斜齿

7．滚刀的旋转

8．传动比

9．刀具 工件 刀具 工件

10．多联 内

11．切削 退刀

12．成形 展成

13．啮合 包络

14．啮合 展成 圆柱斜齿轮

15．前 前 后 后

16．外圆直径 d 内圆直径 D 长度 L

17．4A 3A 2A A B C D

18．法向模数 法向压力角

19．多联 凸肩

20．AA A B 6 7 8

21．端面 安装 端面

22．逆时针 顺时针

23. 逆时针　顺时针

二、判断题

1. √　2. √　3. ×　4. ×　5. ×　6. √　7. √
8. √　9. ×　10. ×

三、选择题

1. D　2. A　3. D　4. A　5. C　6. C　7. A　8. B

四、简答题

1. 在滚齿机上加工齿轮时需要以下几种运动。

（1）主运动。滚刀的旋转运动。

（2）展成运动。滚刀和工件的啮合运动。

（3）垂直进给运动。为了切出工件整个齿宽上的齿形，滚刀沿工件的轴线方向做进给运动。

（4）附加运动。在加工斜齿圆柱齿轮时，为了形成螺旋线齿槽，当滚刀垂直进给时，工件应做附加的回转运动，简称附加运动。

2. 插齿加工时，机床必须具备以下运动。

（1）主运动。插齿刀做上下往复运动，向下为切削运动，向上返回为退刀运动。

（2）展成运动。在加工过程中，要求插齿刀和工件保持一对齿轮的啮合关系，即刀齿转过一个齿，工件应准确地转过一个齿。

（3）径向进给运动。为使插齿刀逐渐切至工件齿全深，插齿刀在圆周进给的同时，必须做径向进给。

（4）圆周进给运动。圆周进给运动是插齿刀的回转运动。

（5）让刀运动。为了避免插齿刀在回程时擦伤已加工表面和减少刀具的磨损，刀具和工件之间让开一段距离，而在插齿刀重新向下一工作行程时，应立即恢复到原位，这种让刀和恢复的动作称为让刀运动。

3. 齿轮滚刀的选择与被加工齿轮的齿数无关，只要求刀具的法向模数与法向压力角与被加工齿轮的相应参数相同即可。标准齿轮滚刀的基本尺寸可查相关手册，滚刀的头数可做如下选择：精加工时选用单头滚刀，以保证加工质量；粗加工时选用多头滚刀，以提高生产效率。但加工精度较低时，滚刀头数应与被加工齿轮的齿数互为质数，以免产生大小齿。

§10–2 齿形加工方法

一、填空题

1．6 ~ 10　4

2．6 ~ 10　6

3．6 ~ 7　高频淬火

4．成形　分度头

5．盘形　指形

6．根切

7．啮合

8．啮合关系

9．内齿轮　齿条

10．剃齿　珩齿　磨齿

11．未淬火　剃齿刀

12．自由　强制

13．齿形　基节

14．淬硬

15．磨齿机　成形法　展成法

16．碟形　蜗杆

17．齿条　齿轮　齿条　齿条　齿轮

18．锥面　双碟形

二、判断题

1．✓　2．×　3．✓　4．×　5．✓　6．✓　7．×

8．✓　9．✓　10 ✓　11．✓　12．✓

三、选择题

1. D 2. C 3. D 4. A

四、简答题

1.（1）铣齿的加工精度低。由于齿轮铣刀存在原理性齿形误差和工件、刀具的安装及分齿误差，铣齿的精度较低。

（2）铣齿的生产效率低，因为铣齿的切削过程是间断性进行的。

（3）铣齿加工不会出现根切现象，所以适用于加工齿数少于 14 的齿轮。

（4）设备费用低，在普通铣床上即可完成，并能加工齿条。

（5）适用于单件、小批量生产和修配加工精度不高的齿轮。

2. 滚齿是利用一对轴线互相交叉的螺旋圆柱齿轮相啮合的原理进行加工的。

（1）滚齿采用展成法加工，因此一把滚刀可以加工与其模数、压力角相同的不同齿数的齿轮，适应性好，大大扩大了齿轮的加工范围。

（2）滚齿是连续切削，无空行程损失，并可采用多线滚刀提高粗滚齿的效率，因此生产效率得到提高。

（3）滚齿时，一般都使用滚刀一周多点的刀齿参与切削，工件上所有的齿槽都是由这些刀齿切出来的，因而被切齿轮的齿距偏差小。

（4）滚齿加工出来的齿廓表面质量比插齿加工差一些。

（5）滚齿加工主要用于直齿、斜齿圆柱齿轮或蜗轮的加工，不能加工内齿轮和多联齿轮。

3. 插齿是利用一对圆柱齿轮的啮合关系原理进行加工的。插齿加工具有以下特点。

（1）齿形精度比滚齿高。

（2）齿面的表面粗糙度值小。

（3）运动精度低于滚齿。

（4）齿向偏差比滚齿大。

（5）插齿的生产效率比滚齿低。

（6）插齿适用于加工滚齿不能加工的内齿轮、双联或多联齿轮、齿条、扇形齿轮。

4. 常用的齿面精加工方法有剃齿、珩齿、磨齿等。剃齿是未淬火圆柱齿轮的精加工方法。珩齿是用于加工淬硬齿面的精加工方法。磨齿是在磨齿机上使用砂轮对已淬硬齿轮齿面进行精加工的方法。

5. 剃齿时，必须具备以下运动。

（1）主运动 n_0。剃齿刀的正反旋转运动为主运动。

（2）工件的转动 n_w。工件安装在心轴上，它与剃齿刀啮合，由剃齿刀带动旋转。

（3）纵向进给运动 $f_{纵}$。为了能切出整个齿面，工作台必须做纵向进给运动。

（4）径向进给运动 $f_{径}$。为了保持剃齿刀和工件间有一定的压力，工作台每双行程后，剃齿刀对工件做径向进给运动。

第十一章　数控加工与特种加工

§11–1　数控机床

一、填空题

1. 数字信息
2. 数控装置
3. 输入装置　控制运算器
4. 执行
5. 主轴　进给
6. 数控装置

7．测量　数控装置

8．工作台　丝杠

9．主轴　进给机构　换刀　夹紧

10．车削

11．刀库

12．铣削　主　进给

二、判断题

1．×　2．×　3．✓　4．✓　5．✓　6．✓　7．✓　8．✓

三、选择题

1．B　2．A　3．C　4．A　5．C

四、名词解释

1．按加工要求预先编制的程序，由控制系统发出数字信息指令对工件进行加工的机床称为数控机床。

2．数控技术是指用数字量及字符发出指令并实现自动控制的技术。

五、简答题

1．数控机床的种类较多，组成各不相同，总体上讲，数控机床主要由控制介质、数控装置、伺服系统、测量反馈装置和机床主体等部分组成。

2．数控装置接收控制介质中的数字化信息或输入装置输入的数字化信息，经过控制软件或逻辑电路进行编译、运算和逻辑处理后，输出各种信号和指令，控制机床的移动部件，使其进行规定、有序的运动。

3．伺服系统的作用是把来自数控装置的指令信号转换为机床移动部件的运动，使工作台（或溜板）精确定位或按规定的轨迹做严格的相对运动，最后加工出符合图样要求的零件。

4．测量反馈装置的作用是通过测量元件将机床移动的实际位置、速度参数检测出来，转换成电信号，并反馈到数控装置中，使数控装置能随时判断机床的实际位置、速度是否与指令一致，并发出相应指令，纠正所产生的误差。

5．数控机床加工零件时，根据零件图样要求及加工工艺，将所用刀具、刀具运动轨迹与速度、主轴转速与旋转方向、冷却等辅助操作以及相互间的先后顺序，以规定的数控代码形式编制成程序，并输入到数控装置中，在数控装置内部控制软件的支持下，经过处理、计算后，向机床伺服系统及辅助装置发出指令，驱动机床各运动部件及辅助装置进行有序的动作与操作，实现刀具与工件的相对运动，加工出所要求的零件。

6．（1）加工零件适应性强，灵活性好。

（2）加工精度高，产品质量稳定。

（3）综合功能强，生产效率高。

（4）自动化程度高，工人劳动强度降低。

（5）生产成本降低，经济效益好。

（6）数字化生产，管理水平提高。

§11–2　数控加工工艺

一、填空题

1．分析零件图样

2．尺寸　定位

3．机床　机床

4．刀位点

5．刀具刀位点

6．轮廓

7．工件材料　刀具材料　刀具几何角度　机床及夹具刚度

8．背吃刀量

9．工艺文件

10．刀具

二、判断题

1. ✓ 2. ✓ 3. ✓ 4. ✓ 5. × 6. × 7. × 8. ×

三、选择题

1. B 2. A 3. A 4. C 5. D 6. C

四、简答题

1. 首先，要熟悉零件在产品中的作用、位置、装配关系和工作条件，清楚各项技术要求对零件装配质量和使用性能的影响，找出主要和关键的加工工艺基准。其次，分析及了解零件的外形、结构，零件上需加工的部位及其形状、尺寸精度和表面粗糙度要求；了解各加工部位之间的相对位置和尺寸精度；了解工件材料、毛坯尺寸、相关技术要求及工件的加工数量。最后，分析零件精度与各项技术要求是否齐全、合理；分析工序中的数控加工精度能否达到图样要求；找出零件图中有较高位置精度的表面，决定这些表面能否在一次装夹下完成；对零件表面质量要求较高的表面，确定是否使用恒线速功能进行加工。

2. 数控加工的特点对夹具提出了两个基本要求：一是保证夹具的坐标方向与机床的坐标方向相对固定；二是要能协调工件与机床坐标系的尺寸。

3. 制定数控加工工艺时，一般根据工件材料、加工要求、刀具材料及类型、机床刚度、主轴功率等因素来确定切削用量。

4.（1）工件材料。工件材料硬度高低会影响刀具切削速度，同一刀具加工硬材料时切削速度应降低，加工较软材料时，切削速度可以提高。

（2）刀具材料。刀具材料不同，允许的最高切削速度也不同。高速钢刀具耐高温切削速度不到 50 m/min，碳化物刀具耐高温切削速度可达 100 m/min 以上，陶瓷刀具的耐高温切削速度可高达 1 000 m/min。

（3）刀具几何角度。刀具几何角度合理，就可以减小切削变形和摩擦，降低切削力和切削热，可以提高切削用量。

（4）机床及夹具刚度。机床的刚度直接影响切削用量的选择，高刚度机床可以承担较大的主轴转速、背吃刀量和进给速度，同理，夹具的刚度也会影响切削用量的制定。

§11–3 特种加工

一、填空题

1. 电　声　堆积

2. 工具电极　电火花

3. 成形

4. 电火花成形

5. 主轴头　立柱

6. 电极丝

7. 工具

8. 负　正

9. 快速走丝　慢速走丝

10. 高能激光束

二、判断题

1. ✓　2. ×　3. ✓　4. ×　5. ✓　6. ×　7. ✓

8. ×

三、选择题

1. D　2. A　3. A

四、名词解释

1. 特种加工是主要利用电、磁、声、光、热、液、化学等能量单独或复合对材料进行去除、堆积、变形、改性、镀覆等的非传统加工方法。

2. 在一定的介质中，通过工件和工具电极间脉冲火花放电，使工件材料熔化、气化而被去除或在工件表面进行材料沉积的加工方法，称为电火花加工。

3. 激光加工是利用密度极高的激光束照射工件被加工部位，使材料瞬间熔化或蒸发，并在冲击波作用下将熔融物质喷射出去，从而实现对工件进行穿孔、蚀刻和切割，或采用较小的能量密度，使加工区域材料熔融黏合的方法。

五、简答题

1. 电火花成形加工是在液体介质中进行的，机床的自动进给调节装置使工件和工具电极之间保持适当的放电间隙，当工具电极和工件之间施加很强的脉冲电压（达到间隙中介质的击穿电压）时，会击穿介质绝缘强度最低处。由于放电区域很小，放电时间极短，所以，能量高度集中，使放电区的温度瞬时高达 10 000 ~ 12 000 ℃，工件表面和工具电极表面的金属局部熔化甚至汽化蒸发。局部熔化和汽化的金属在爆炸力的作用下抛入工作液中，并被冷却为金属小颗粒，然后被工作液迅速冲离工作区，从而使工件表面形成一个微小的凹坑。一次放电后，介质的绝缘强度恢复等待下一次放电。如此反复使工件表面不断被蚀除，并在工件上复制出工具电极的形状，从而达到成形加工的目的。

2.

特种加工方法及能加工的材料

特种加工方法	能加工的材料
电火花成形加工	导电材料
电火花线切割加工	导电材料
激光加工	加工各种金属材料和非金属材料

3.（1）适用于难切削材料的成形加工，由于电火花加工是靠脉冲放电的电热作用蚀除工件材料的，与工件的力学性能关系不大。

（2）可加工特殊的、形状复杂的零件，放电蚀除材料不会产生大的机械切削力，因此对脆性材料如导电陶瓷或薄壁弱刚度的航空航天零件，以及普通切削刀具易发生干涉而难以进行加工的精密微细异形孔、深小孔、狭长缝隙、弯曲轴线的孔、型腔等，均适宜采用电火花成形加工工艺来解决。

（3）当脉冲宽度不大（不大于 8 μs）时，单个脉冲能量不大，放电又是浸没在工作液中进行的，因此，对整个工件而言，在加工过程中几乎不受热的影响，有利于加工热敏感材料。采取一定工艺措施后，还可获得镜面加工的效果。

（4）加工的放电脉冲参数可以任意调节，在同一台机床上可完成粗、中、精加工过程，且易于实现加工过程的自动化。

（5）采用电火花成形加工还有助于改进和简化产品的结构设计与制造工艺，提高其使用性能。

4.（1）可以加工用传统切削加工方法难以加工或无法加工的形状复杂的工件。对不同形状的工件都很容易实现自动化加工，尤其适合小批形状复杂工件、单件和试制品的加工，且加工周期短。

（2）利用电蚀加工原理，电极丝与工件不直接接触，两者之间的作用力很小，故工件变形小，电极丝、夹具不需要太高的强度。

（3）在传统切削加工中，刀具硬度必须比工件大，而电火花线切割的电极丝材料不必比工件材料硬，可加工任何导电的固体材料。

（4）直接利用电能进行加工，可以方便地对影响加工精度的加工参数进行调整，有利于加工精度的提高，便于实现加工过程自动化。

（5）电火花线切割不能加工非导电材料。

（6）与一般切削加工相比，电火花线切割加工金属去除率低，因此其加工成本高，不适合加工形状简单的大批工件。

5. 电火花线切割主要用于模具加工、新产品试制、精密零件加工、贵重金属下料等。

第十二章　先进制造工艺技术

§12–1　超精密加工技术

一、填空题

1．微量　磨削

2．刃磨　修整

3．金刚石

4．砂轮的修整　磨削用量

5．金刚石　立方氮化硼（CBN）

6．修形　修锐

7．12 ~ 30　80 ~ 100

8．主轴　驱动

9．液体静压　空气静压

10．1 ~ 2

二、判断题

1．✓　2．×　3．×　4．✓　5．✓　6．×

三、选择题

1．D　2．C　3．B

四、简答题

1．（1）超精密加工机理。

（2）超精密加工刀具、磨具及其制备技术。

（3）超精密加工机床设备。

（4）精密测量及补偿技术。

（5）严格的工作环境。

2．（1）具有极高的硬度，硬度达到 6 000 ~ 10 000HV，而 TiC 仅为 3 200HV，WC 为 2 400HV。

（2）能磨出极其锋利的刃口，且切削刃没有缺口、崩刃等现象。普通切削刀具的刃口半径只能磨到 5 ~ 30 μm，而天然单晶金刚石刃口圆弧半径可小到数纳米，没有其他任何材料可以磨到如此锋利的程度。

（3）热化学性能优越、导热性能好，与有色金属间的摩擦因数低、亲和力小。

（4）耐磨性能好，切削刃强度高。金刚石摩擦因数小，与铝的摩擦因数仅为 0.06 ~ 0.13，如切削条件正常，刀具磨损极慢，寿命极高。

3. 超精密加工机床的精度质量主要取决于机床的主轴部件，床身导轨以及驱动部件等关键部件。

§ 12–2　高速切削加工技术

一、填空题

1. 高速切削加工

2. 电主轴

3. 立柱型对称

4. 陶瓷　立方氮化硼

5. 动平衡

二、判断题

1. ✓　2. ✓　3. ✓　4. ✓

三、选择题

1. D　2. C　3. D

四、简答题

1.（1）切削力低。

（2）热变形小。

（3）材料切除率高。

（4）提高了加工质量。

（5）简化了工艺流程。

2. 高速主轴单元、快速进给系统、先进的机床结构、高速切削加工刀具以及高性能 CNC 控制系统。

§ 12–3　增材制造技术

一、填空题

1. 离散分层制造

2. CAD 数字化

3. 二维薄片

二、判断题

1. ✓　2. ✓

三、简答题

1.（1）建立三维实体模型。

（2）生成数据转换文件。

（3）分层切片。

（4）逐层堆积成形。

（5）成形实体的后处理。

2. 增材制造技术应用的领域有：航空航天、汽车零件制造、生物医学、建筑、军事等。

第十三章　机械加工工艺规程

§ 13–1　基 本 概 念

一、填空题

1. 工艺过程　操作方法

2. 形状　零件

3. 安装　工位　工步　进给

4. 正确

5．定位

6．安装

7．加工表面　加工工具

8．进给

9．年产量

10．单件　成批　大量

11．小批　中批　大批

12．工序　工艺参数

二、判断题

1．✓　2．×　3．✓　4．✓　5．✓　6．×

三、选择题

1．B　2．D　3．B　4．D

四、名词解释

1．生产过程是指将原材料转变为成品的全过程。

2．在生产过程中，改变生产对象的形状、尺寸、相对位置或性质等，使其成为成品或半成品的过程称为工艺过程。

3．一个或一组工人，在一个工作地对一个或同时对几个零件所连续完成的那一部分工艺过程称为工序。

4．在加工表面（或装配时的连接表面）和加工（或装配）工具不变的情况下，所连续完成的那一部分工序称为工步。

5．企业在计划期内应当生产的产品产量和进度计划称为生产纲领。

6．将工件在机床上或夹具中定位、夹紧的过程称为装夹。

五、简答题

1．对机械制造而言，生产过程一般包括以下内容。

（1）原材料、半成品和成品的运输和保存。

（2）生产和技术准备工作，如产品的开发和设计、工艺及工艺装备的设计与制造等。

（3）毛坯制造和处理，零件的机械加工，热处理及其他表面处理。

（4）部件或产品的装配、检测、调试、包装等。

2．机械加工工艺过程卡简称过程卡或路线卡，它是以工序为单位说明一个工件全部加工过程的工艺卡。机械加工工艺过程卡包括工件各工序的名称、工序内容、经过的车间和工段、所用的设备、工艺装备、工时定额等，主要用于单件、小批量生产的生产管理。

3．机械加工工序卡是在机械加工工艺过程卡或机械加工工艺卡的基础上，对每道工序所编制的一种工艺文件。一般具有工序简图，并详细说明该工序每个工步的加工（或装配）内容、工艺参数、操作要求以及所用设备和工艺装备等，用以具体指导工人进行操作，其内容比机械加工工艺卡更详细，常用于大批大量生产中。

六、应用题

该工件的加工有一道工序、一次安装、一个工位、三个工步。

§13–2　基准的选择

一、填空题

1．设计　工艺

2．工序　定位　测量　装配

3．正确

4．点　线　面

5．测量

6．粗　精

7．加工余量　位置精度

8．重要

9．加工

10．定位　设计

11．基准统一

12．互为基准

二、判断题

1．× 2．✓ 3．× 4．× 5．✓ 6．× 7．×
8．×

三、选择题

1．A 2．A 3．A 4．D 5．B 6．C 7．C 8．C
9．A 10．C 11．A 12．B

四、名词解释

1．所谓基准，就是用来确定生产对象上几何要素的几何关系所依据的那些点、线、面。

2．设计基准是指零件设计图样上用来确定其他点、线、面的位置基准。

3．工艺基准是指工艺过程中所采用的基准。

4．装配时用来确定零件或部件在产品中的相对位置所采用的基准称为装配基准。

5．工序基准是指工序图上用来确定本工序所加工表面加工后的尺寸、形状和位置的基准。

6．在机械加工的第一道工序中，只能使用毛坯上未加工的表面作为定位基准，这种基准称为粗基准。

7．直接选择加工表面的设计基准为定位基准，称为基准重合原则。

五、简答题

1．粗基准选择原则有：

（1）相互位置要求原则。

（2）加工余量合理分配原则。

（3）重要表面原则。

（4）不重复使用原则。

（5）便于工件装夹原则。

2. 精基准选择原则有：

（1）基准重合原则。

（2）基准统一原则。

（3）自为基准原则。

（4）互为基准原则。

（5）便于装夹原则。

六、应用题

1. 选用毛坯 ϕ60 mm 外圆及轴肩作为粗基准，粗加工 ϕ180 mm 大外圆、端面、ϕ40 mm 孔；装夹 ϕ180 mm 大外圆加工 ϕ60 mm 外圆至要求，装夹 ϕ60 mm 外圆车削齿轮各尺寸。因为 ϕ60 mm 外圆及轴肩余量较小，牢固可靠。

选用 ϕ40H7 孔和大端面作为精基准，铣齿轮。符合基准统一原则，可满足齿轮加工要求。

2. 选用 B 面为粗基准，划线并加工 A 面。因为 B 面为非加工表面，选择 B 面作为粗基准可以保证加工后板的厚度均匀。

选择 R16 mm 外圆柱面作为长度方向的粗基准（保证圆筒的壁厚均匀），选择 A 面作为高度方向的精基准加工 $2\times\phi$12 mm 孔（保证定位基准和测量基准重合）。

选择过 $2\times\phi$12H7 孔轴线的竖直平面作为长度方向的精基准（保证与设计基准统一），选择零件的前后对称面作为宽度方向的粗基准加工 ϕ30H7 孔和 ϕ10H7 孔（保证与设计基准统一）。

§13–3 工艺路线的拟定

一、填空题

1. 铸件　锻件

2. 毛坯加工余量　毛坯公差

3. 车削　磨削

4. 钻　扩　铰

5. 铣削　刨削　车削

6．数控铣

7．粗加工　半精加工　光整加工

8．切除毛坯上大部分多余的金属

9．尺寸精度　表面质量

10．去应力处理　淬火

11．工序集中　工序分散

12．机械加工

13．时效　深冷

14．强度　表面硬度

15．精加工

16．检验　清洗

17．切削加工

18．辅助动作

19．作业

二、判断题

1．×　2．✓　3．×　4．×　5．✓　6．×　7．✓
8．✓　9．✓　10．✓　11．×　12．✓

三、选择题

1．D　2．A　3．D　4．B　5．A　6．B　7．B　8．B
9．C　10．D　11．A　12．B　13．C　14．C　15．C

四、名词解释

1．工序集中是指将工件的加工集中在少数几道工序内完成，而每一道工序的加工内容较多。

2．工序分散是指将工件的加工分散在较多的工序内完成，每道工序的加工内容很少。

3．时间定额是指在一定生产条件下，规定生产一件产品或完成一道工序所需消耗的时间。

五、简答题

1．（1）在选择加工方法时，应根据工件的精度要求选择与经济加工精度相适应的加工方法。

（2）要考虑工件的结构和尺寸大小。

（3）要考虑生产效率和经济性要求。

（4）要考虑企业或车间的现有设备情况和技术条件。

2．划分加工阶段的目的有以下5条。

（1）有利于保证产品的质量。工件按阶段依次加工，有利于消除或减少变形对加工精度的影响。

（2）有利于合理使用设备。粗加工余量大，切削用量大，要求采用功率大、刚度高、效率高、精度要求不高的设备。精加工切削力小，对机床破坏小，采用精度高的设备。这样充分发挥了设备各自的特点，既能提高生产效率，又能延长精密设备的使用寿命。

（3）便于及时发现毛坯的缺陷。在粗加工或荒加工后即可发现毛坯的各种缺陷（如气孔、砂眼和加工余量不足等），便于及时修补或决定报废，以免继续加工造成浪费。

（4）便于热处理工序的安排。为了在机械加工工序中插入必要的热处理工序，同时使热处理发挥充分的效果，这就自然而然地把机械加工工艺过程划分为几个阶段，并且每个阶段各有其特点及应该达到的目的。

（5）精加工、光整加工安排在后，可保护精加工和光整加工过的表面少受损伤或不受损伤。

3．加工工序的安排一般遵循以下原则。

（1）基面先行原则。

（2）先粗后精原则。

（3）先主后次原则。

（4）先面后孔原则。

（5）先内后外原则。

4．完成一个零件的一道工序的时间定额称为单件时间定额，包括下列几部分：基本时间 T_j、辅助时间 T_f、布置工作场

地时间 T_b、休息和生理需要时间 T_x、准备和终结时间 T_e。

§13-4　加工余量的确定

一、填空题

1. 工序余量　加工总余量

2. 工序余量　加工总余量

3. 基本　最大工序　最小工序

4. 入体　上　下　双向对称

5. 单边

6. 经验估算法　查表修正法

7. 分析计算法

二、判断题

1. ×　2. ✓　3. ✓　4. ✓　5. ×

三、选择题

1. A　2. B　3. D　4. A　5. A

四、名词解释

1. 加工余量是指使加工表面达到所需的精度和表面质量而应切除的金属层厚度。

2. 工序余量是指相邻两工序的工序尺寸之差。

3. 加工总余量是指毛坯尺寸与零件图的设计尺寸之差，它等于各工序余量之和。

五、简答题

1. 影响加工余量的因素有下列几种。

（1）上工序的各种表面缺陷和误差。上工序表面粗糙度值 Ra，上工序的表面缺陷层 D_a，上工序的尺寸公差 T_a，上工序的几何误差（也称空间误差）ρ_a。

（2）本工序的装夹误差 ε_b。

2.（1）经验估算法。（2）查表修正法。（3）分析计算法。

3.（1）加工总余量（毛坯余量）和工序余量要分别确定。

（2）大零件取大余量。

（3）余量要充分，防止因余量不足而造成废品。

（4）采用最小加工余量原则。

§13–5　工序尺寸及其公差的确定

一、填空题

1．入体　双向

2．公称　后道工序余量

3．尺寸链

4．工艺尺寸链

5．关联性　封闭性

6．封闭环

7．组成环　增环　减环

8．增大（或减小）

9．减小（或增大）

10．加工方法　测量方法

11．极大极小法　极大极小法

12．增　减

13．最大极限　最小极限

14．最小极限　最大极限

15．组成

16．封闭

二、判断题

1．×　2．√　3．√　4．√　5．×　6．×　7．×

8．×　9．√　10．√　11．√　12．×　13．×

14．√　15．√

三、选择题

1．ABD　2．CE　3．ABD　4．BD　5．AB　6．BC

7．CE　8．A　9．C　10．A　11．A　12．A　13．A

14. C　15. B　16. C　17. B　18. D

四、名词解释

1. 在机器装配或零件加工过程中，互相联系且按一定顺序排列的封闭尺寸组合称为尺寸链。

2. 工艺尺寸链中间接得到的尺寸称为封闭环。

3. 工艺尺寸链中除封闭环以外的其他环称为组成环。

4. 增环是当其他组成环不变，该环增大（或减小），使封闭环随之增大（或减小）的组成环。

5. 减环是当其他组成环不变，该环增大（或减小），使封闭环随之减小（或增大）的组成环。

五、简答题

1. 计算方法是由最后一道工序开始向前推算，具体步骤如下：

（1）确定毛坯总余量和工序余量。

（2）确定工序公差。最终工序尺寸公差等于零件图上设计尺寸公差，其余工序尺寸公差按经济精度确定。

（3）计算工序公称尺寸。从零件图上的设计尺寸开始向前推算，直至毛坯尺寸。最终工序公称尺寸等于零件图上的公称尺寸，其余工序公称尺寸等于后道工序公称尺寸加上或减去后道工序余量。

（4）标注工序尺寸公差。最后一道工序的公差按零件图上设计尺寸标注，中间工序尺寸公差按入体原则标注，毛坯尺寸公差按双向标注。

2. 由单个零件在加工过程中的各有关工艺尺寸所组成的尺寸链称为工艺尺寸链。工艺尺寸链具有关联性和封闭性两个特征。

六、计算题

1. 根据题意画出尺寸链：

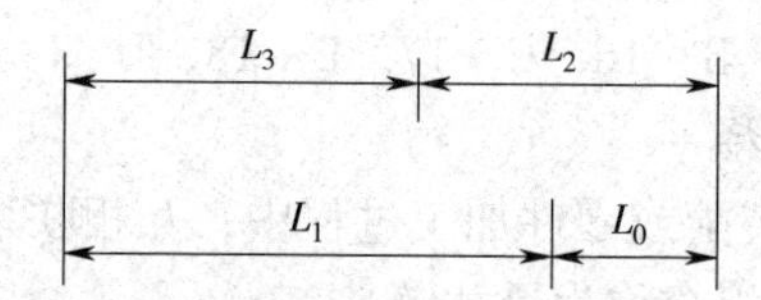

图中 L_0 为封闭环，根据尺寸链解算可知：

（1）L_1（即 H）的公称尺寸

由 $L_0=L_2+L_3-L_1$

知 $L_1=L_2+L_3-L_0=20\ \text{mm}+25\ \text{mm}-8\ \text{mm}=37\ \text{mm}$

（2）L_1（即 H）下极限偏差

由公式知：

$+0.3\ \text{mm}=0+0-EI_{L1}$

$EI_{L1}=-0.3\ \text{mm}$

（3）L_1（即 H）上极限偏差

由公式知：

$0=-0.1\ \text{mm}-0.1\ \text{mm}-ES_{L1}$

$ES_{L1}=-0.2\ \text{mm}$

所以，L_1（即 H）$=37^{-0.2}_{-0.3}\ \text{mm}=36.8^{\ 0}_{-0.1}\ \text{mm}$。

2．由于最后一道工序的公差按零件图样标注，所以：

$L_3=30^{\ 0}_{-0.12}\ \text{mm}$

$L_2=15^{+0.11}_{\ 0}\ \text{mm}$

L_1 是以工件左端面为定位基准测量的，所以满足下列尺寸链：

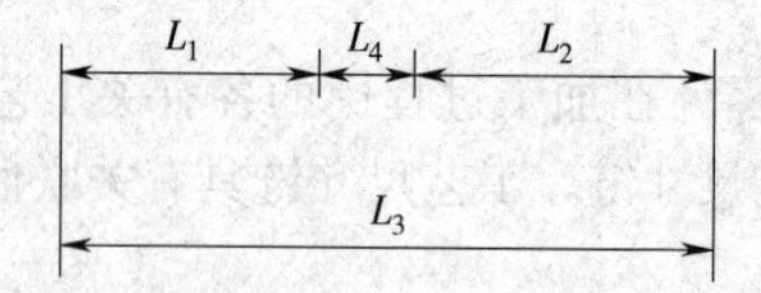

L_4 为封闭环，$L_2=15^{+0.11}_{\ 0}\ \text{mm}$，$L_3=30^{\ 0}_{-0.12}\ \text{mm}$，$L_4=$（$5\pm0.18$）mm

解尺寸链：

$L_1=30\ \text{mm}-15\ \text{mm}-5\ \text{mm}=10\ \text{mm}$

ES_{L1}=−0.12 mm−0.11 mm+0.18 mm=−0.05 mm

EI_{L1}=0−0−0.18 mm=−0.18 mm

即 $L_1 = 10_{-0.18}^{-0.05}$ mm=$9.95_{-0.13}^{0}$ mm。

3．由于最后一道工序的公差按零件图样标注，所以：

$H_3 = 50_{-0.1}^{0}$ mm

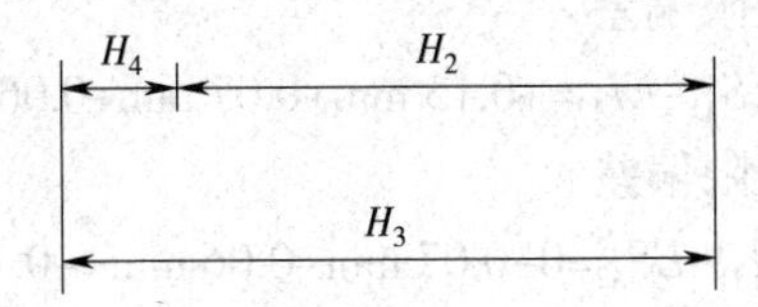

而 H_4 为封闭环，且 $H_4 = 8_{-0.2}^{0}$ mm。

解尺寸链可得：$H_2 = 42_{0}^{+0.1}$ mm。

而 H_1 满足下列尺寸链：

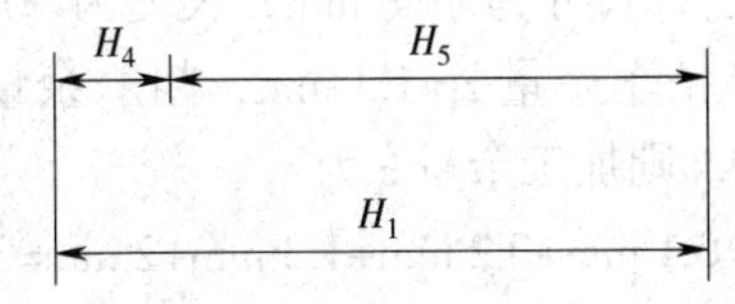

而 H_5 为封闭环，由该尺寸链可解得：$H_1 = 40_{0}^{+0.1}$ mm。

4．由下列尺寸链可知：

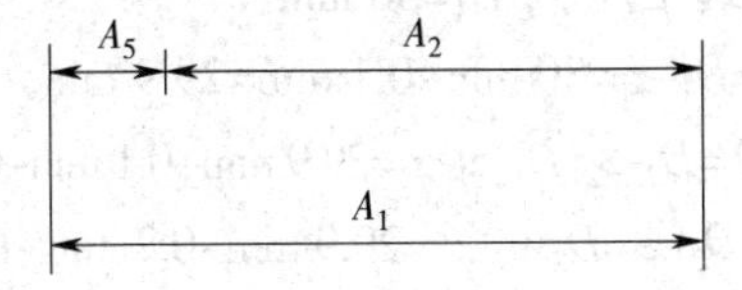

$A_1 = 70_{-0.07}^{-0.02}$ mm，$A_2 = 60_{-0.04}^{0}$ mm，A_5 为封闭环。

解尺寸链可得：$A_5 = 10_{-0.07}^{+0.02}$ mm。

A_3、A_4 和 A_5 由组成一个尺寸链，A_3 为封闭环。

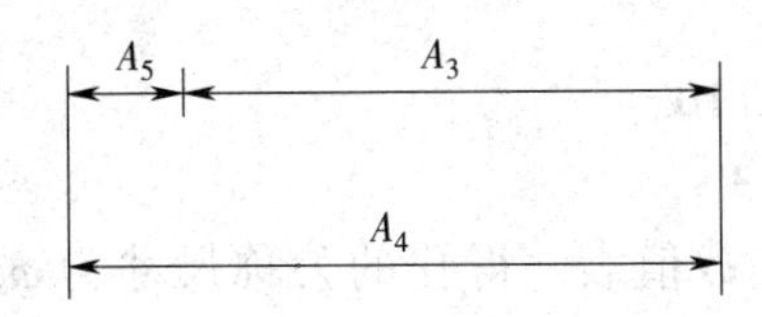

解尺寸链可得：$A_4= 30^{+0.12}_{+0.02}$ mm。

5．由图 13–13b 可知该尺寸链中 A_3 为封闭环，A_1、A_0 为增环，A_2 为减环。根据公式可知：

（1）A_3 公称尺寸

$A_3=A_0+A_1-A_2=12\text{ mm}+70\text{ mm}-35\text{ mm}=47\text{ mm}$

（2）A_3 上极限偏差

$ES_{A3}=ES_{A0}+ES_{A1}-EI_{A2}=+0.15\text{ mm}+0.07\text{ mm}-0.06\text{ mm}=+0.16\text{ mm}$

（3）A_3 下极限偏差

$EI_{A3}=EI_{A0}+EI_{A1}-ES_{A2}=0-0.07\text{ mm}-0.06\text{ mm}=-0.13\text{ mm}$

即 A_3 为$47^{+0.16}_{-0.13}$ mm。

七、综合题

1.（1）计算加工余量

查表可得，公称尺寸为 $\phi30$ mm，长度为 50 mm 的内孔粗车余量 z_4=2 mm，半精车余量 z_3=1.3 mm，粗磨余量 z_2=0.2 mm，精磨余量 z_1=0.1 mm，则加工余量 z 为：

$z=z_1+z_2+z_3+z_4=0.1\text{ mm}+0.2\text{ mm}+1.3\text{ mm}+2\text{ mm}=3.6\text{ mm}$

（2）计算各工序公称尺寸

按照“由后向前”的方法计算各工序公称尺寸。

精磨后（最终工序）：D_1=30 mm。

粗磨后：$D_2=D_1-z_1=30\text{ mm}-0.1\text{ mm}=29.9\text{ mm}$。

半精车后：$D_3=D_2-z_2=D_1-z_1-z_2=29.9\text{ mm}-0.1\text{ mm}-0.2\text{ mm}=29.6\text{ mm}$。

粗车后：$D_4=D_3-z_3=D_2-z_2-z_3=29.9\text{ mm}-0.2\text{ mm}-1.3\text{ mm}=28.4\text{ mm}$。

（3）确定公差及表面粗糙度

根据各加工工序所能达到的经济精度，查标准公差数值表，确定公差及表面粗糙度。

粗磨后：IT8。

半精车后：IT10。

粗车后：IT13。

查标准公差数值表，得孔的公称尺寸为 $\phi30$ mm 的公差：

IT8 为 0.033 mm，IT10 为 0.084 mm，IT13 为 0.33 mm。

各加工工序的工序尺寸公差及表面粗糙度：

精磨：$\phi 30_{0}^{+0.021}$ mm 表面粗糙度值为 $Ra1.6$ μm。

粗磨：$\phi 29.9_{0}^{+0.033}$ mm 表面粗糙度值为 $Ra1.6$ μm。

半精车：$\phi 29.6_{0}^{+0.084}$ mm 表面粗糙度值为 $Ra3.2$ μm。

粗车：$\phi 28.4_{0}^{+0.33}$ mm 表面粗糙度值为 $Ra12.5$ μm。

2．连接盘加工工艺过程见下表。

工序号	工序名称	工序内容	定位基准	加工设备
1	铸造	铸钢毛坯，尺寸如图 13–15 所示	—	—
2	热处理	正火	—	正火炉
3	粗车	车平大端面，车 ϕ120 mm 外圆至尺寸 ϕ123 mm，钻孔至尺寸 ϕ38 mm	ϕ80 mm 外圆	车床
4	粗车	车 $\phi 75_{-0.19}^{0}$ mm 外圆至尺寸 ϕ77 mm，车另一端面保证总长 56 mm，车长度 22 mm 尺寸至 23 mm	ϕ123 mm 外圆	车床
5	热处理	调质 220 ~ 250HBW	—	淬火、回火炉
6	精车	车大端面，车 ϕ120 mm 外圆和 $C1$ mm 倒角至尺寸要求	ϕ77 mm 外圆	数控车床
7	精车	夹 ϕ120 mm 外圆，打表找正 ϕ77 mm 外圆，控制径向圆跳动在 0.03 mm 内，夹紧工件；车 $\phi 75_{-0.19}^{0}$ mm 外圆至尺寸 $\phi 75_{0}^{+0.1}$ mm，$\phi 40_{0}^{+0.025}$ mm 内孔至尺寸 $\phi 40_{-0.26}^{-0.12}$ mm，长度尺寸 $22_{0}^{+0.21}$ mm 至 $22_{+0.3}^{+0.4}$ mm；倒角 $C1$ mm 至图样要求（考虑磨量）	ϕ120 mm 外圆	数控车床

续表

工序号	工序名称	工序内容	定位基准	加工设备
8	钳	划 $\phi 90$ mm 圆及 $3\times\phi 20$ mm 孔十字线		—
9	钳	钻 $3\times\phi 14$ mm 孔、锪 $3\times\phi 20$ mm 孔至图样要求	$\phi 75^{+0.1}_{0}$ mm 外圆	钻床
10	拉	拉键槽（10 ± 0.018）mm 至尺寸要求		拉床
11	磨	磨 $\phi 40^{+0.025}_{0}$ mm 内孔至尺寸要求		内圆磨床
12	磨	磨 $\phi 75^{0}_{-0.19}$ mm 外圆至尺寸要求，并靠磨长度 $22^{+0.21}_{0}$ mm 右端面和左大端面，保证尺寸至图样要求	$\phi 40^{+0.025}_{0}$ mm 孔配心轴	外圆磨床
13	检验	按图样要求检测尺寸精度、几何精度、表面质量	—	—

第十四章　典型零件的加工工艺

§14–1　轴类零件的加工工艺

一、填空题

1. 支承　转矩
2. 螺纹　花键
3. 尺寸　形状　位置
4. 运转速度　尺寸精度
5. 正火　调质　表面淬火
6. 圆棒型材　锻件

7. 车削　磨削　光整

8. 半精　精

9. 两中心孔

10. 预备　调质

11. 毛坯制造　粗　粗　半精　粗　精

12. 最终　淬火

二、判断题

1. ×　2. ×　3. ×　4. ×　5. ✓

三、选择题

1. B　C　2. A　C　3. C　4. B　5. A

四、简答题

1. 为改善金属组织和切削性能而进行的热处理称为预备热处理，包括正火、退火、调质处理和时效处理。通常，正火、退火安排在毛坯制造之后、粗加工之前，时效处理安排在粗加工、半精加工之间，调质处理可安排在粗加工、精加工之间。

2. 为了提高零件的硬度、强度等力学性能而进行的热处理称为最终热处理，包括淬火、表面淬火、渗碳和渗氮。通常，最终热处理工序安排在工艺路线后段，在表面最终加工之前进行。氮化前应进行调质处理。

五、应用题

齿轮轴机械加工工艺过程卡

工序号	工序名称	工序内容	定位基准	加工设备
1	下料	下料 ϕ38 mm×158 mm	棒料外圆表面	锯床
2	粗车	应用三爪自定心卡盘装夹工件，车两端面，钻两中心孔，保证总长 154 mm	棒料外圆表面	车床

续表

工序号	工序名称	工序内容	定位基准	加工设备
3	粗车	（1）车 $\phi 34_{-0.039}^{0}$ mm 外圆尺寸至 $\phi 36$ mm，长 60 mm （2）车 $\phi 24$ mm 外圆尺寸至 $\phi 26$ mm，长 27 mm （3）车 $\phi(20\pm0.006)$ mm 外圆尺寸至 $\phi 22$ mm，长 15 mm。保证各外圆表面粗糙度值 *Ra*6.3 μm	右端棒料外圆表面	车床
4	粗车	掉头，一夹一顶装夹 （1）车右端 $\phi 24$ mm 外圆尺寸至 $\phi 26$ mm，长 95 mm （2）车 $\phi(20\pm0.006)$ mm 外圆尺寸至 $\phi 22$mm，长 84 mm （3）车 $\phi 18$ mm 外圆、外圆锥、螺纹部分尺寸至 $\phi 20$ mm，长 69 mm。保证各外圆表面粗糙度值 *Ra*6.3 μm	左端 $\phi 26$ mm 外圆表面、右中心孔	车床
5	热处理	调质 220 ~ 250HBW	—	淬火、回火炉
6	半精车	一夹一顶装夹 （1）车 $\phi 34_{-0.039}^{0}$ mm 外圆尺寸至 $\phi 34_{+0.26}^{+0.38}$ mm，并倒角 （2）车 $\phi 24$ mm 外圆尺寸至图样要求 （3）车 $\phi(20\pm0.006)$ mm 外圆至 $\phi 20_{+0.22}^{+0.30}$ mm，长 16 mm，并倒角。车 $\phi 18$ mm × 2 mm 槽至图样要求 保证各外圆表面粗糙度值 *Ra*3.2 μm	右端 $\phi 22$ mm 外圆表面、左中心孔	数控车床

续表

工序号	工序名称	工序内容	定位基准	加工设备
7	半精车	掉头，一夹一顶装夹 （1）车右端 ϕ24 mm 外圆至图样要求（注意保证 $\phi 34_{-0.039}^{0}$ mm 尺寸的宽 30 mm），车 $\phi 34_{-0.039}^{0}$ mm 右端 2 mm×30° 倒角 （2）车 ϕ（20±0.006）mm 外圆至 $\phi 20_{+0.22}^{+0.30}$ mm，切 ϕ18 mm×2 mm 槽（注意保证 16 mm 尺寸），车 ϕ18 mm 外圆及外圆锥（外圆锥留磨量 0.25～0.35 mm，宽度 28 mm）至图样要求 （3）车螺纹部分尺寸至图样要求，并倒角 保证各外圆表面粗糙度值 Ra3.2 μm	左端 ϕ24 mm 外圆表面、右中心孔	数控车床
8	铣	铣键槽 $4_{-0.030}^{0}$ mm 至图样要求	左端 ϕ24 mm 外圆表面、右中心孔	铣床
9	滚齿	滚齿，齿面留磨量 0.1～0.2 mm，去毛刺	中心孔	滚齿机
10	热处理	齿面淬火 50～55HRC	—	淬火机
11	磨	磨齿至图样要求	中心孔	磨齿机
12	磨	磨两处 ϕ（20±0.006）mm 外圆、外圆锥至图样要求	两中心孔	磨床
13	检验	按图样要求检测	—	—

§14–2　套类零件的加工工艺

一、填空题

1．支承　IT7 ~ IT6

2．*Ra*0.4 ~ 0.2　*Ra*6.3 ~ 0.8

3．工作条件

4．结构形状　尺寸大小

5．壁厚较薄

6．基准统一　互为基准

7．互为基准　反复加工

8．车削　磨削

9．变形

二、判断题

1．×　2．✓　3．✓

三、选择题

1．A　2．D　3．ABC

四、简答题

套类零件变形的原因及工艺措施见下表。

引起变形的因素		工艺措施
外力	夹紧力	（1）夹紧力均匀分布 （2）变径向夹紧为轴向夹紧 （3）增加套类零件毛坯的刚度
	切削力	（1）增大刀具的主偏角 （2）内、外表面同时加工 （3）粗、精加工分开进行
	重力	增加辅助支撑
	离心力	配重

续表

<table>
<tr><th colspan="3">引起变形的因素</th><th>工艺措施</th></tr>
<tr><td rowspan="3">内力</td><td colspan="2">内应力重新分布</td><td>（1）退火、时效
（2）划分加工阶段</td></tr>
<tr><td rowspan="2">热效应</td><td>切削热</td><td>（1）选择合理的刀具角度和切削用量
（2）浇注充分的切削液
（3）留有充分的冷却时间</td></tr>
<tr><td>热处理</td><td>（1）改变热处理方法
（2）将热处理工序安排在精加工之前</td></tr>
</table>

五、应用题

砂轮卡盘体机械加工工艺过程卡

工序号	工序名称	工序内容	定位基准	加工设备
1	热处理	退火	—	退火炉
2	钳	清砂处理	—	—
3	车	（1）车端面，车 ϕ31.75d7 外圆及长度 38 mm，各留余量 0.4 ~ 0.5 mm （2）车 3 mm × 1 mm 槽，车三角形螺纹，钻 ϕ18 mm 孔深 50 mm，车 ϕ21 mm 孔，车 ϕ60 mm 端面槽 （3）切断	毛坯外圆	车床
4	车	车 ϕ85 mm 外圆、大端面，保证长度 48 mm，车 1 : 5 锥孔留磨量 0.4 ~ 0.5 mm	ϕ31.75d7 外圆	车床
5	磨	磨 1 : 5 锥孔	ϕ31.75d7 外圆	磨床
6	磨	磨 ϕ31.75d7 外圆，保证长度 38 mm	配 1 : 5 锥孔心轴	磨床
7	检验	按图样要求检测	—	—

§14–3　箱体类零件的加工工艺

一、填空题

1．基础　整体　相对　传动

2．形状　腔形　孔系

3．0.03 ~ 0.1　*Ra*2.5 ~ 0.63

4．相互位置

5．主要平面　主要孔

6．时效

7．平行　同轴　交叉

8．辅助

9．孔系

二、判断题

1．✓　2．✓　3．×　4．✓　5．×

三、选择题

1．A　2．A　3．D　4．D　5．B

四、简答题

1．箱体类零件的加工顺序安排原则如下：

（1）先面后孔的原则。

（2）先主后次的原则。

（3）粗、精加工分开的原则。

2．平行孔系的加工方法有找正法、镗模法、坐标法三种。找正法是指在通用机床（如镗床、铣床等）上利用辅助工具找正所要加工孔正确位置的加工方法。镗模法即采用镗模加工孔系。坐标法镗孔是在普通卧式镗床、坐标镗床或数控镗床等设备上，借助于精密测量装置，调整机床主轴与工件间在水平和垂直方向的相对位置，来保证孔心距精度的一种镗孔方法。

3．单件、小批量生产时，箱体类零件的基本工艺过程如下：铸造毛坯→时效→划线→粗加工主要平面及其他平面→划线→粗加工支承孔→二次时效→精加工主要平面和其他平面→精加工支承孔→划线→钻各小孔→攻螺纹，去毛刺。

4．大批量生产时，箱体类零件的基本工艺过程如下：铸造毛坯→时效→加工主要平面和工艺定位孔→二次时效→粗加工各平面上的孔→攻螺纹，去毛刺→精加工各平面上的孔。

§14–4　圆柱齿轮的加工工艺

一、填空题

1．11　1　11

2．传动的用途　使用条件

3．轮体结构　生产规模

4．精度等级　生产批量

5．滚齿（或插齿）　磨齿

二、判断题

1．✓　2．×

三、应用题

传动齿轮机械加工工艺过程卡

工序号	工序名称	工序内容	定位基准	加工设备
1	锻	自由锻，毛坯尺寸 $\phi 75$ mm × 27 mm	—	空气锤
2	热处理	正火	—	正火炉
3	粗车	车外圆、两端面，留余量 1 mm；车内孔，留余量 2 mm	外圆、两端面	车床
4	热处理	调质 33 ~ 36HRC	—	淬火、回火炉
5	精车	车外圆、两端面至图样要求；车 $\phi 30^{+0.021}_{0}$ mm 内孔至 $\phi 31.8^{+0.033}_{0}$ mm	外圆	车床
6	滚齿	滚制齿面，留磨齿余量 0.2 ~ 0.3 mm，表面粗糙度值达 $Ra3.2$ μm	内孔、端面	滚齿机
7	钳	齿端面倒角、去毛刺	—	—

续表

工序号	工序名称	工序内容	定位基准	加工设备
8	插	插键槽至图样尺寸要求	端面、内孔	插床
9	热处理	碳氮共渗，淬火 58 ~ 63HRC	—	气体渗碳炉、淬火机
10	磨	找正内孔及端面（轴向圆跳动允许误差在 0.02 mm 以内），磨 $\phi 30^{+0.021}_{0}$ mm 内孔至图样尺寸要求	内孔、端面	磨床
11	磨齿	磨齿至图样要求	内孔、端面	磨齿机
12	钳	去全部毛刺	—	—
13	检验	按图样要求检测	—	—

第十五章　机械装配工艺

§ 15–1　装配工艺概述

一、填空题

1. 部装　总装配　总装
2. 组件　部件
3. 零件
4. 连接　调整
5. 可拆卸　不可拆卸
6. 螺纹　键
7. 螺栓　双头螺柱　螺钉
8. 周向

9．定位　轴向　周向

10．不常拆卸　常拆卸

11．焊接　铆接

12．配钻　配铰

13．静　动　静　动

14．理想几何

15．距离　相互位置　相对运动

16．运动　速度

17．面积　点

18．箱体　蜗杆轴　蜗轮轴

19．装配

20．试验性

二、判断题

1．✓　2．✓　3．×

三、选择题

1．D　2．C　3．A

四、名词解释

1．机械产品一般由许多零件和部件组成，根据规定的技术要求，将若干零件“拼装”成部件或将若干零件和部件“拼装”成产品的过程，称为装配。

2．若干零件用不可拆卸连接法（如焊接等）装配在一起形成的单元及利用加工修配法装配在一起的若干零件（如发动机连杆小头和衬套）称为合件。

3．由一个或数个合件及零件组合成的相对较独立的组合体称为组件。

4．由若干个零件、合件和组件组合而成，在产品中能完成一定完整功能的独立单元称为部件。

五、简答题

1．机械产品装配包括准备、连接、校正、调整、配作、平衡、验收及试验等一系列工作。

2．机器或部件装配后的实际几何参数与理想几何参数的符合程度称为装配精度。装配精度一般包括零部件间的距离精度、相互位置精度、相对运动精度、接触精度等。

3．减速器的装配分为四个阶段，即准备阶段、装配阶段、调整和精度检验阶段以及运转试验阶段。

§15–2　装配尺寸链计算

一、填空题

1．有关尺寸　相互位置

2．组成　封闭　增　减

3．封闭　关联

4．组成　一

5．直线　角度　平面　直线　角度

6．平行　距离

7．平行度　垂直度　零

8．封闭　封闭

9．极值　概率

二、判断题

1．×　2．✓　3．×　4．×　5．✓

三、选择题

1．ABC　2．AB

四、简答题

1．相同点：

（1）工艺尺寸链和装配尺寸链都是由组成环和封闭环组成的，组成环同样分为增环和减环，其判断方法也相同。

（2）工艺尺寸链和装配尺寸链同样都具有封闭性和关联性。

不同点：

（1）工艺尺寸链的封闭环是由工艺过程的尺寸确定之后间

接获得的，而装配尺寸链的封闭环是由具有一定尺寸的零件装配在一起后形成的。

（2）工艺尺寸链中的组成环是由关联的工艺尺寸组成的，而装配尺寸链中的组成环则是由对装配精度有直接影响的相关零件的具体尺寸组成的，一个零件只能有一个尺寸（组成环）列入装配尺寸链。

2.（1）确定封闭环。首先要看懂产品或部件的装配图，了解产品或部件的装配精度，一般产品的装配精度指标就是封闭环。

（2）查找组成环。以封闭环两端的那两个零件为起点，沿着装配精度要求的方向，以相邻零件装配基准之间的联系为线索，分别找出对装配精度有影响的相关零件，直到找到同一个基准面为止。

（3）画出尺寸链图，并判断增环、减环。

3. 在建立装配尺寸链时，应注意以下几点。

（1）按一定层次分别建立产品与部件的装配尺寸链。

（2）在保证装配精度的前提下，装配尺寸链组成环可适当简化。

（3）装配尺寸链的组成应采用最短路线（环数最少）原则。

（4）当同一装配结构在不同位置方向有装配精度要求时，应按不同方向分别建立装配尺寸链。

§15–3　装配方案及其选择

一、填空题

1. 完全互换　选配　修配

2. 加工误差

3. 协调环

4. 入体　H　h

5. 测量

6. 封闭　组成

二、判断题

1. ✓ 2. ✓ 3. ✓ 4. ✓ 5. ✓ 6. × 7. × 8. ×

三、选择题

1. A 2. B 3. C 4. D

四、名词解释

1. 完全互换装配法是指在装配过程中参与装配的每一个零件不经任何选择、修理和调整，装上后全都能达到装配精度要求的装配方法。

2. 分组装配法是指装配前将互配的零件测量分组，装配时按对应组进行装配达到精度的方法。

3. 修配装配法是指在零件上预留修配量，在装配过程中用手工锉、刮、研等方法修去该零件上多余的材料，使装配精度达到要求。

4. 在装配时改变产品中可调整零件的相对位置或选用合适的调整件来达到装配精度的方法称为调整装配法。

五、简答题

1.（1）建立装配尺寸链，判断封闭环、增环和减环。

（2）确定封闭环公称尺寸及偏差。

（3）确定协调环。

（4）确定各组成环公差。

2.（1）配合件的公差必须相等，公差放大的倍数和方向也应相同，且分组数应该等于零件公差放大的倍数。

（2）只能放大尺寸公差，几何公差和表面粗糙度值不能放大。应保持原来的几何公差和表面粗糙度值，以免影响配合性质。

（3）应采取措施，尽量使同组相配件数量相同或相近，避免造成零件积压浪费。

（4）零件的分组数不宜过多，一般以 3 ~ 5 组为宜，分组数过多，会因零件测量分类和存贮工作量增大而使生产组织工作变得复杂。

3．优点是能够获得很高的装配精度，而零件的制造精度要求可以放宽。缺点是装配过程中以手工操作为主，劳动量大，工时不易预定，生产效率低，不便于组织流水作业，而且装配质量依赖于工人的技术水平。

修配装配法多用于单件、小批量生产以及装配精度要求高的场合。

§15-4　装配工艺规程的制定

一、填空题

1．大批、大量　成批

2．固定　移动

3．检验　试验

4．专用　固定

5．装配图　验收

6．组织

7．结构特点　生产批量

8．独立

9．基准

10．左　右

11．切削　刚度　精度

12．自右向左　右边　左边

二、判断题

1．✓　2．✓　3．✓　4．✓　5．×　6．×　7．✓　8．✓

三、选择题

1．A　2．B　3．A

四、名词解释

1．装配工艺规程是用文件形式规定下来的装配工艺过程，它是指导装配工作的技术文件，是制定装配生产计划、进行技术准备的主要依据，也是设计或改建装配车间的基本文件之一。

2. 固定式装配是将产品或部件的全部装配工作安排在某一固定的工作地点进行装配，装配过程中产品位置不变，装配所需要的零部件都汇集在工作地点附近。

3. 移动式装配是将产品或部件置于装配线上，通过连续或间歇的移动使其顺次经过各装配工作地点以完成全部装配工作。

五、简答题

1.（1）保证并力求提高产品装配质量，以延长产品的使用寿命。

（2）合理安排装配工序，尽量减少钳工装配的工作量，提高装配效率，以缩短装配周期。

（3）尽可能减少车间的生产面积，以提高单位面积的生产效率。

2.（1）产品的总装配图和部件装配图以及主要零件的工作图。

（2）产品验收的技术条件。

（3）产品的生产纲领。

（4）现有生产条件。

3.（1）产品及其部件的装配顺序。

（2）装配方法。

（3）装配的技术要求及检验方法。

（4）装配所需的设备和工具。

（5）必需的工人技术等级及装配的时间定额等。

4.（1）研究产品装配图和验收技术条件。

（2）确定装配的组织形式。

（3）划分装配单元，确定装配顺序。

（4）划分装配工序。

（5）制定装配工艺卡片。